普通高等学校新工科校企共建智能制造相关专业系列教材

U0180026

工业机器人
视觉应用

组　编　工课帮

主　编　邓　奕
副主编　熊英鹏　梅志敏
参　编　汪　漫　王　姣

华中科技大学出版社
http://www.hustp.com
中国·武汉

内 容 提 要

本书是由一批具有丰富教学经验的高校教师和一批具有丰富实践经验的企业工程师共同编写,全文概念清晰、结构合理、重点突出、难度适中、实例丰富,便于教学和学习。

本书内容包括:机器视觉概述、工业机器人视觉系统软硬件环境搭建、图像采集、图像预处理、图像分割、颜色处理、图像的形态学处理、特征提取、边缘检测、模板匹配、图像分类等,各章附有习题和答案。

为了方便教学,本书还配有电子课件等教学资源包,任课教师和学生可以登录"我们爱读书"网免费下载,或者发邮件至 2360363974@qq.com 免费获取。

本书可作为高校电子信息类、电气类、光电类、自动化类及计算机类等相关专业的教材和教学参考书,也可作为工程技术人员参考资料和感兴趣的读者的自学读物。

图书在版编目(CIP)数据

工业机器人视觉应用/工课帮组编;邓奕主编.—武汉:华中科技大学出版社,2020.10(2024.7 重印)
ISBN 978-7-5680-6692-1

Ⅰ.①工… Ⅱ.①工… ②邓… Ⅲ.①工业机器人-机器人视觉 Ⅳ.①TP242.2

中国版本图书馆 CIP 数据核字(2020)第 200991 号

工业机器人视觉应用　　　　　　　　　　　　　　　　　　　工课帮　组编
Gongye Jiqiren Shijue Yingyong　　　　　　　　　　　　　　　　邓　奕　主编

策划编辑:袁　冲
责任编辑:狄宝珠
责任监印:朱　玢
出版发行:华中科技大学出版社(中国·武汉)　　　电话:(027)81321913
　　　　　武汉市东湖新技术开发区华工科技园　　　邮编:430223
录　　排:华中科技大学惠友文印中心
印　　刷:武汉市籍缘印刷厂
开　　本:787mm×1092mm　1/16
印　　张:13.25
字　　数:353 千字
版　　次:2024 年 7 月第 1 版第 4 次印刷
定　　价:39.00 元

"工课帮"简介

　　武汉金石兴机器人自动化工程有限公司（简称金石兴）是一家专门致力于工程项目与工程教育的高新技术企业，"工课帮"是金石兴旗下的高端工科教育品牌。

　　自"工课帮"创立以来，教学研发团队一直致力于打造精品课程资源，不断在产、学、研三个层面创新执教理念与教学方针，并集中"工课帮"的优势力量，有针对性地出版了智能制造系列教材二十多种，制作了教学视频数十套，发表了各类技术文章数百篇。

　　"工课帮"不仅研发智能制造系列教材，还为高校师生提供配套学习资源与服务。

　　为高校学生提供的配套服务：

　　（1）针对高校学生在学习过程中压力大等问题，"工课帮"为高校学生量身打造了"金妞"，"金妞"致力推行快乐学习。高校学生可添加 QQ（2360363974）获取相关服务。

　　（2）高校学生可用 QQ 扫描下方的二维码，加入"金妞"QQ 群，获取最新的学习资源，与"金妞"一起快乐学习。

　　为工科教师提供的配套服务：

　　针对高校教学，"工课帮"为智能制造系列教材精心准备了"课件＋教案＋授课资源＋考试库＋题库＋教学辅助案例"系列教学资源。高校老师可联系大牛老师（QQ：289907659），获取教材配套资源，也可用 QQ 扫描下方的二维码，进入专为工科教师打造的师资服务平台，获取"工课帮"最新教师教学辅助资源。

第1章
机器视觉概述

　　随着信号处理理论和计算机技术的发展,人们试图用摄像机获取环境图像并将其转换成数字信号,用计算机实现对视觉信息处理的全过程,这样就形成了一门新兴的学科——计算机视觉。计算机视觉的研究目标是使计算机具有通过一幅或多幅图像认知周围环境信息的能力。这使计算机不仅能模拟人眼的功能,更重要的是使计算机完成人眼所不能胜任的工作。机器视觉则是建立在计算机视觉理论基础上,偏重于计算机视觉技术工程化应用。与计算机视觉研究的视觉模式识别、视觉理解等内容不同,机器视觉重点在于感知环境中物体的形状、位置、姿态、运动等几何信息。

　　本章首先介绍机器视觉的基本概念及系统构成,然后讲解机器视觉常见的软件开发工具,最后对机器视觉的应用领域和面临的问题进行了介绍。

◀ 1.1 什么是机器视觉 ▶

视觉是我们最强大的感知方式,它为我们提供了关于周围环境的大量信息;从而使得我们可以在不需要进行身体接触的情况下,直接和周围环境进行智能交互。离开视觉,我们将丧失许多有利条件,因为通过视觉,我们可以了解到:物体的位置和一些其他的属性,以及,物体之间的相对位置关系。因此,不难理解为什么几乎自从数字计算机出现以后,人们就不断地尝试将视觉感知赋予机器。

机器视觉技术是通过计算机模拟生物外显或宏观视觉功能的技术,它包含传感器技术、图像处理技术、智能控制技术、机器工程技术、电光学成像技术等,因此它是一项综合性的技术。只有将这些技术进行协调组合运用才能构成一个工业机器视觉应用系统。人类视觉系统的识别能力是有限的,而机器视觉技术则能精确定量感知,并且在不可见物体和危险场景的感知方面体现了其优越性。

机器视觉系统是基于机器视觉技术为机器或自动化生产线建立的一套视觉系统。

机器视觉是一门新兴的发展迅速的学科,20世纪80年代以来,机器视觉的研究已经历了从实验室走向实际应用的发展阶段。从简单的二值图像处理到高分辨率多灰度的图像处理,从一般的二维信息处理到三维视觉机理以及模型和算法的研究都取得了很大的进展。随着计算机工业水平的凯苏提高以及人工智能、并行处理和神经元网络等学科的发展,进一步促进了工业机器人视觉系统的实用化和许多复杂视觉问题的研究。

机器视觉技术主要有三大功能应用:第一是定位功能,能够判断物体的位置信息,用于全自动装配和生产;第二是测量功能,能够自动测量产品的外观尺寸;第三是缺陷检测功能,能够检测产品表面的相关信息。目前机器人视觉技术和视觉系统正越来越广泛地应用于视觉检测、视觉引导和自动化装备领域中。

特别跟读者说明一下,在很多文献中,计算机视觉(computer vision)和机器视觉(machine vision)两个术语是不加以区分的,但其实这两个术语是既有区别又有联系的。

计算机视觉是采用图像处理、模式识别、人工智能技术相结合的手段,着重于一幅或多幅图像的计算机分析。图像可以由单个或多个传感器获取,也可以是单个传感器在不同时刻获取的图像序列。分析是对目标物体的识别,确定目标物体的位置和姿态,对三维景物进行符号描述和解释。在计算机视觉研究中,经常使用几何模型、复杂的知识表达,采用基于模型的匹配和搜索技术,搜索的策略常使用自底向上、自顶向下、分层和启发式控制策略。机器视觉则偏重于计算机视觉技术工程化,能够自动获取和分析特定的图像,以控制相应的行为。

具体地说,计算机视觉为机器视觉提供图像和景物分析的理论及算法基础,机器视觉为计算机视觉的实现提供传感器模型、系统构造和实现手段。因此可以认为,一个机器视觉系统就是一个能自动获取一幅或多幅目标物体图像,对所获取图像的各种特征量进行处理、分析和测量,并对测量结果做出定性分析和定量解释,从而得到有关目标物体的某种认识并做出相应决策的系统。机器视觉系统的功能包括物体定位、特征检测、缺陷判断、目标识别、计数和运动跟踪。

◀ 1.2　机器视觉的工作原理 ▶

机器视觉系统的目的就是给机器或自动生产线添加一套视觉系统,其原理是由计算机或图像处理器以及相关设备来模拟人的视觉行为,完成得到人的视觉系统所得到的信息。

机器视觉工作原理如图 1-1 所示。机器视觉系统采用工业相机将被检测的目标转换成图像信号,然后将图像信号传送给图像采集卡,根据像素分布和亮度、颜色等信息,转变成数字化信号,图像处理系统对这些信号进行各种运算来抽取被检测目标的特征,如面积、数量、位置、长度,再根据预设的允许度和其他条件输出结果,包括尺寸、角度、个数、合格/不合格、有/无等,实现自动识别功能,进而根据识别的结果通过控制器控制现场的执行机构动作。

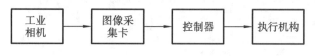

图 1-1　机器视觉系统工作原理框图

◀ 1.3　机器视觉常见软件开发工具 ▶

机器视觉常用的软件包括:Halcon、Opencv、Python、Labview 以及 Matlab 等等。其中Halcon 在工业机器人方面应用的比例是相当高的,所以本书以 Halcon 为平台来讲解机器视觉的相关应用。

Halcon 其实就是一个算法开发包,里面集成了很多丰富的算子,包括二维的和三维的,方便开发人员可以快速进行设计,而且它有自己的开发环境和语言,用户可以在开发环境下进行程序设计,它所支持的算子也是很丰富的,包括了数组操作、一维码二维码识别、模板匹配、相机标定、三维重建、ocr 字符识别、光度立体、特征检测提取、测量、通信、文件操作、形态学处理等,所涉及的领域也是非常广的,包括了半导体、机械、化工、医疗、航空、监控安防、食品、印刷、制药等各大行业,在实际项目开发中,Halcon 可以导出丰富的语言方便用户项目集成,如导出 C+ +、C♯、VB 等各种编程语言,然后在用户的开发环境下进行集成开发以及 UI 设计,同时Halcon 也支持多种操作系统,如 windows、Linux 等,同时对于相机设备接口这块也提供了丰富的支持,对以太网接口、USB 接口,Gige 接口相机都有良好的支持,另外在 Halcon 开发环境下提供了很多助手工具,可以方便开发人员进行快速仿真,如测量工具、相机标定工具、相机图像实时采集工具、OCR 训练工具等。

Halcon 在实际应用中涉及以下六个方面。

(1) 连通域 blob 分析,这块可以说是很多处理中经常使用的,主要是确定阈值大小以及特征的选取,从而从图像中分割出感兴趣的区域。

(2) 模板匹配,主要是基于在图像中选取的模板进行灰度、轮廓、相关性等多种方式的全局或者局部匹配定位,从而得到目标的位置坐标以及角度值。

(3) 一维码、二维码以及 ocr 光学字符识别系列。

(4) 机器人双目以及多目立体视觉的标定、三维重建、三维匹配等系列。

（5）基于 Halcon 在工业上的通信、并行处理、错误处理等。

（6）激光三角测量以及光度立体法。

1.4 工业机器人视觉系统的应用

机器视觉在国民经济、科学研究及国防建设等领域都有着广泛的应用。视觉的最大优点是与被观测的对象无接触，因此对观测与被观测者都不会产生任何损伤，这是其他感觉方式无法比拟的。另外，视觉方式所能检测的对象十分广泛，人眼观察不到的范围，机器视觉也可以观察，例如，红外线、微波、超声波等人类就观察不到，而机器视觉则可以利用这方面的敏感器件形成红外线、微波、超声波等图像。因此可以说是扩展了人类的视觉范围。另外，人无法长时间地观察对象，机器视觉则不知疲劳，始终如一-地观测，所以机器视觉可以广泛地用于长时间恶劣的工作环境。机器视觉技术正处于一个快速发展的阶段。

1.4.1 机器视觉的应用领域

机器视觉的应用领域非常广泛，下面只列举一些机器视觉的主要应用领域。

（1）工业自动化生产线应用。产品检测、工业探伤、自动流水线生产和装配、自动焊接、PCB 印制板检查，以及各种危险场合工作的机器人等。将图像和视觉技术用于生产自动化，可以加快生产速度，保证质量的一致性，还可以避免人的疲劳、注意力不集中等带来的误判。例如：在制药行业，如图 1-2 所示，机器视觉可以用于药品的漏装以及药品的误装的检测。

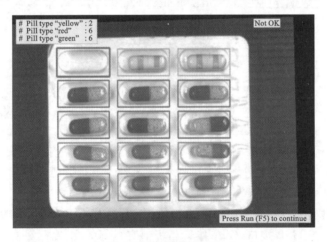

图 1-2　药品检测应用

（2）各类检验和监视应用。标签文字标记检查，邮政自动化，计算机辅助外科手术，显微医学操作，石油、煤矿等钻探中数据流自动监测和滤波，在纺织、印染业进行自动分色、配色，重要场所门廊自动巡视，自动跟踪报警等。例如：在颜色检测方面，机器视觉可以用于区别不同颜色的模块，从而对模块进行分类以及搬运等操作，如图 1-3 所示。

（3）视觉导航应用。巡航导弹制导、无人驾驶飞机飞行、自动行驶车辆、移动机器人、精确制导及自动巡航捕获目标和确定距离。既可避免人的参与及由此带来的危险，也可提高精度和速度。例如：在运动检测方面，机器视觉可以用于对移动物体的标定以及追踪，如图 1-4 所示。

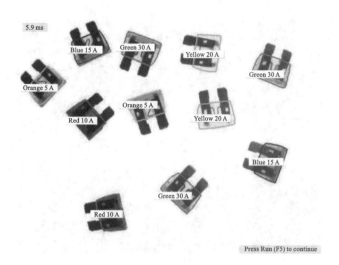

图 1-3 颜色检测应用

图 1-4 运动检测应用

（4）图像自动解释应用。对放射图像、显微图像、医学图像、遥感多波段图像、合成孔径雷达图像、航天航测图像等的自动判读理解。由于近年来技术的发展，图像的种类和数量飞速增长，图像的自动理解已成为解决信息膨胀问题的重要手段。例如：在医学行业，机器视觉可以用于对药品的液位检测，自动判断药品是否用完，如图 1-5 所示。

（5）人机交互应用。人脸识别、智能代理等。同时让计算机可借助人的手势动作（手语）、嘴唇动作（唇读）、躯干运动（步态）、表情测定等了解人的愿望要求而执行指令，这既符合人类的交互习惯，也可增加交互方便性和临场感等。

（6）虚拟现实应用。飞机驾驶员训练、医学手术模拟、场景建模、战场环境表示等，它可帮助人们超越人的生理极限、"亲临其境"、提高工作效率。

1.4.2 机器视觉面临的问题

对于人的视觉来说，由于人的大脑和神经的高度发展，其目标识别能力很强。但是人的视觉也同样存在障碍，例如，即使具有敏锐视觉和高度发达头脑的人，一旦置身于某种特殊环境（即使曾经具备一定的先验知识），其目标识别能力也会急剧下降。事实上，人们在这种环境下面对简单物体时，仍然可以有效而简便地识别；而在这种情况下面对复杂目标或特殊背景时，则

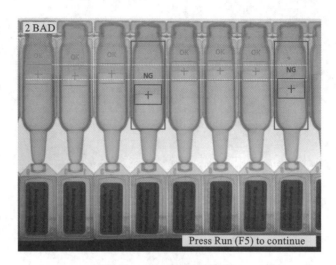

图 1-5　药品液位检测应用

在视觉功能上发生障碍。两者共同的结果是导致目标识别的有效性和可靠性的大幅度下降。将人的视觉引入机器视觉中,机器视觉也存在着这样的障碍。它主要表现在三个方面:一是如何准确、高速(实时)地识别出目标;二是如何有效地增大存储容量,以便容纳下足够细节的目标图像;三是如何有效地构造和组织出可靠的识别算法,并且顺利地实现。前两者相当于人的大脑这样的物质基础,这期待着高速的阵列处理单元,以及算法(如神经网络、分维算法、小波变换等算法)的新突破,用极少的计算量及高度的并行性实现功能。

另外,由于当前对人类视觉系统和机理、人脑心理和生理的研究还不够,目前人们所建立的各种视觉系统绝大多数是只适用于某一特定环境或应用场合的专用系统,而要建立一个可与人类的视觉系统相比拟的通用视觉系统是非常困难的。

第2章
工业机器人视觉系统软硬件环境搭建

本章主要介绍工业机器人视觉系统软硬件环境搭建。工业机器人视觉系统软件环境搭建主要包括：Halcon软件简介、Halcon软件安装、Halcon软件操作界面介绍和Halcon软件常用操作介绍。工业机器人视觉系统硬件搭建主要包括：工业相机、图像采集卡、镜头、光源、支架平台，重点讲解了如何对工业相机和镜头进行选型。

2.1 工业机器人视觉系统软件环境搭建

2.1.1 Halcon 软件简介

Halcon 是德国 MVtec 公司开发的一套完善的标准的机器视觉算法包，拥有应用广泛的机器视觉集成开发环境。该软件节约了产品的开发成本，缩短了软件开发周期，其灵活的架构适用于机器视觉、医学图像和图像分析应用的快速开发。在欧洲以及日本的工业界已经是公认具有最佳效能的机器视觉软件。

Halcon 源自学术界，它有别于市面一般的商用软件包。事实上，这是一套图像处理库，其由一千多个各自独立的函数以及底层的数据管理核心构成。其中包含了各类滤波、色彩以及几何、数学转换、形态学计算分析、校正、分类辨识、形状搜寻等基本的几何及影像计算功能，由于这些功能大多并非针对特定工作设计的，因此只要用得到图像处理的地方，就可以用 Halcon 强大的计算和分析能力来完成工作。应用范围几乎没有限制，涵盖从医学、遥感探测、监控，到工业上的各类自动化检测。

在实际项目开发中，Halcon 可以导出丰富的语言方便用户进行项目集成，如导出 C++、C♯、VB 等各种编程语言，然后在用户的开发环境下进行集成开发以及 UI 设计，同时 Halcon 也支持多种操作系统，如 Windows、Linux 等，同时对于相机设备接口这块也提供了丰富的支持，对以太网接口、USB 接口、Gige 接口相机都有良好的支持，为百余种工业相机和图像采集卡提供接口支持。另外在 Halcon 开发环境下提供了很多助手工具，可以方便开发人员进行快速仿真，如测量工具、相机标定工具、相机图像实时采集工具、OCR 训练工具等。

Halcon 在技术上有以下几点革新。

（1）可以真正意义上实现目标识别。基于样本的识别方法可以区分出数量巨大的目标对象。使用这种技术可以实现仅依靠颜色或纹理等特征即可识别经过训练的目标，从而不需再采用一维码或二维码等用于目标识别的特殊印记。

（2）拥有强大的三维视觉处理功能。Halcon 提供的一个极为突出的新技术是三维表面比较，即将一个三维物体的表面形状测量结果与预期形状进行比较。Halcon 提供的所有三维技术，如多目立体视觉或 sheet of light，都可用于表面重构；同时也支持直接通过现成的三维硬件扫描仪进行三维重构。此外，针对表面检测中的特殊应用对光度立体视觉方法进行了改善。不仅如此，Halcon 现在还支持许多三维目标处理的方法，如点云的计算和三角测量、形状和体积等特征计算、通过切面进行点云分割等。

（3）高速机器视觉体验。自动算子并行处理（AOP）技术是 Halcon 的一个独特性能。Halcon 中支持使用 GPU 处理进行机器视觉算法的算子超过 75 个，比其他任何软件开发包提供的数量都多。除此之外，基于聚焦变化的深度图像获取（depth from focus）、快速傅里叶变换（FFT）和 Halcon 的局部变形匹配都有显著的加速发展趋势。Halcon 会带给用户更高速的机器视觉体验。

Halcon 在实际应用中涉及以下六个方面。

（1）连通域 blob 分析，这块可以说是很多处理中经常使用的功能，主要是用来确定阈值大小以及特征的选取，从而从图像中分割出感兴趣的区域。

（2）模板匹配，主要是基于在图像中选取的模板进行灰度、轮廓、相关性等多种方式的全局或者局部匹配定位，从而得到目标的位置坐标以及角度值。

（3）一维码、二维码以及 ocr 光学字符识别系列。

（4）机器人双目以及多目立体视觉的标定、三维重建、三维匹配等系列。

（5）基于 Halcon 在工业上的通信、并行处理、错误处理等。

（6）激光三角测量以及光度立体法。

2.1.2　Halcon 软件安装

Halcon 软件的安装步骤如下。

（1）Halcon 安装图标如图 2-1 所示，选中安装软件的图标，用左键双击运行 Halcon 软件。

（2）安装窗口如图 2-2 所示，此时单击"Next"按钮。

（3）授权窗口如图 2-3 所示，此时单击"I Agree"按钮。

（4）Halcon 更新信息窗口如图 2-4 所示，直接单击"Next"按钮。

（5）安装版本选择窗口如图 2-5 所示，根据系统的位数选择相应

halcon-12.0.1.1-windows

图 2-1　安装图标

图 2-2　安装窗口

的版本。若系统为 64 位，则选择"Install x64 version"；若系统为 32 位，则选择"Install x86 version"。选择完成后，单击"Next"按钮。

（6）功能选择窗口如图 2-6 所示，选择所需要的组件，然后单击"Next"按钮。

（7）dongle-bound 和 floating licenses 安装窗口如图 2-7 所示，单击"Next"按钮。

（8）GigE 版本驱动安装窗口如图 2-8 所示，单击"Next"按钮。

（9）文档语言选择窗口如图 2-9 所示，根据自己的需要可以选择不同的语言，默认选择英文，单击"Next"按钮。

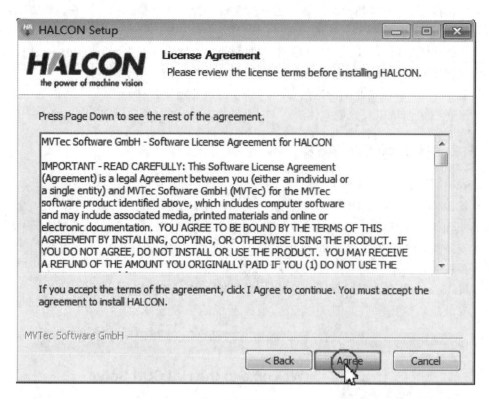

图 2-3　授权窗口

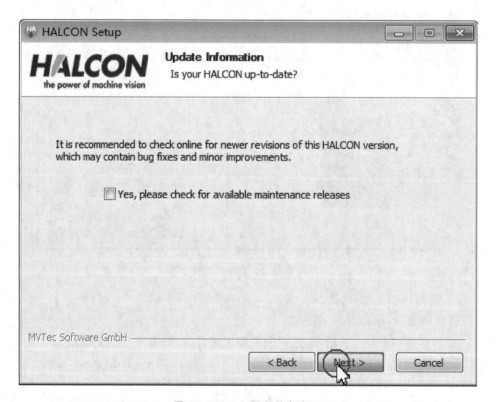

图 2-4　Halcon 更新信息窗口

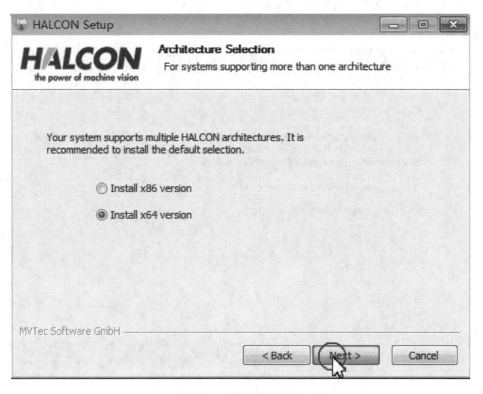

图 2-5　系统安装版本选择

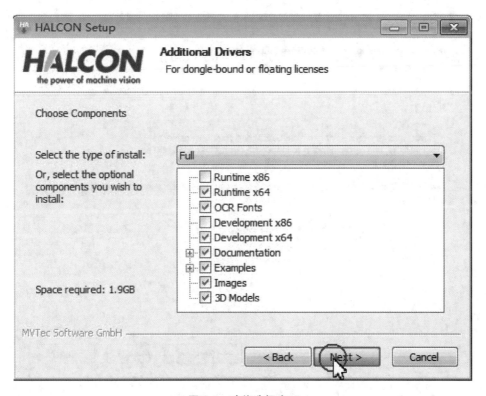

图 2-6　功能选择窗口

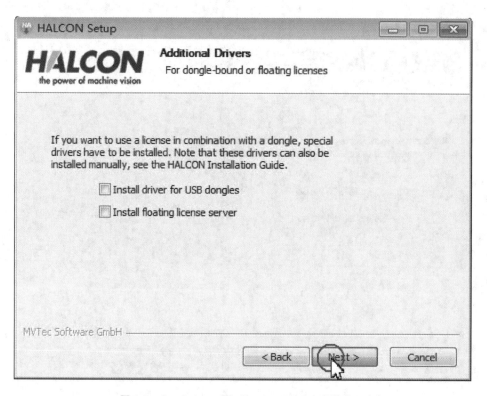

图 2-7 dongle-bound 和 floating licenses 安装窗口

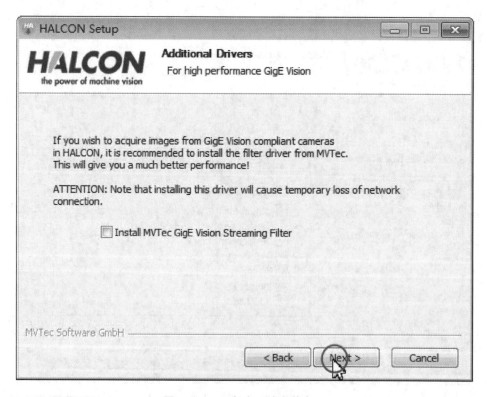

图 2-8 GigE 版本驱动安装窗口

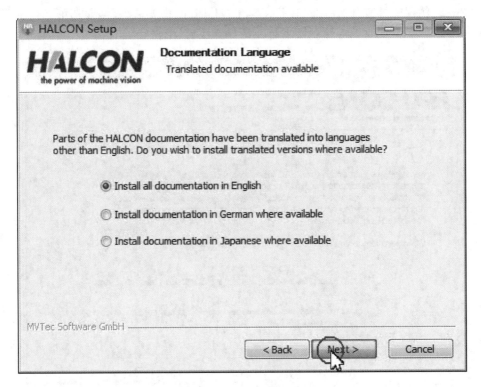

图 2-9　文档语言选择窗口

（10）安装路径选择窗口如图 2-10 所示，选择好安装路径后，单击"Next"按钮。

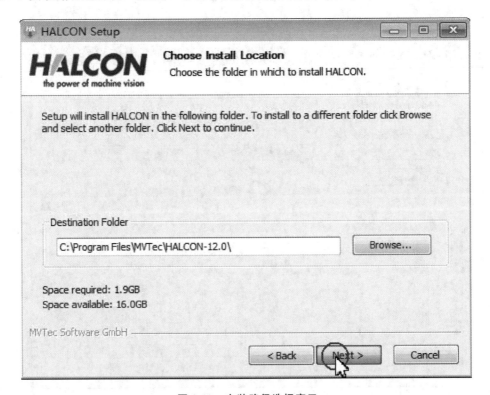

图 2-10　安装路径选择窗口

（11）安装例程选择窗口如图 2-11 所示，若在 Halcon9 中安装例程，勾选第二个选项；若在其他版本中安装例程，勾选第一个选项即可。选择完成后，单击"Next"按钮。

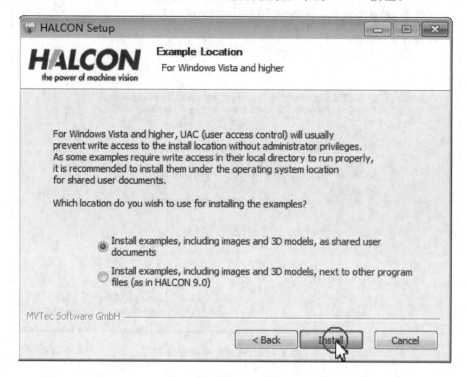

图 2-11　安装例程选择窗口

（12）Halcon 安装进程窗口如图 2-12 所示，此时等待安装完成。

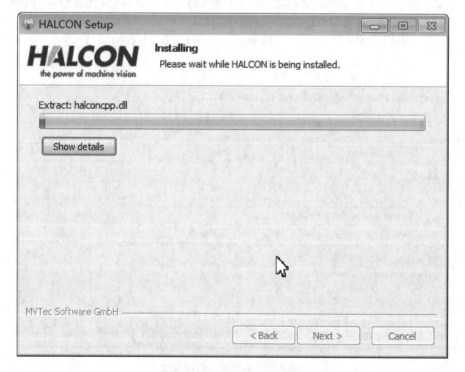

图 2-12　Halcon 安装进程窗口

（13）注册文件选择窗口如图 2-13 所示，勾选第一个选项，单击"Next"按钮。

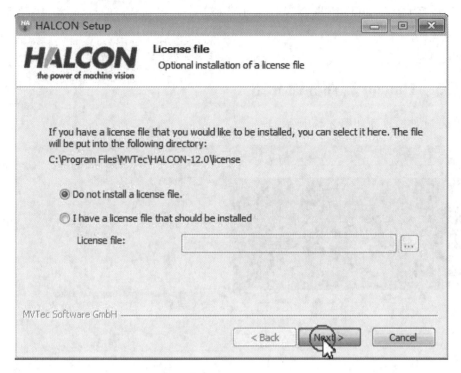

图 2-13　注册文件选择窗口

（14）Halcon 安装完成窗口如图 2-14 所示，根据自己的需求选择即可，若想生成桌面快捷方式，勾选第一个选项。勾选完成后，单击"Finish"按钮。

图 2-14　Halcon 安装完成窗口

软件安装结束后,还需将 Halcon.dll 和 halconxl.dll 两个文件放入相应的路径。当系统为 32 位时,则放到 C:\ProgramFiles\MVTec\HALCON-12.0\bin\x86sse2-in32 中;当系统为 64 位时,则放到 C:\ProgramFiles\MVTec\HALCON-12.0\bin\x64-win64 中。至此,halcon 开发环境安装完成。

2.1.3 Halcon 软件界面介绍

Halcon 软件的界面如图 2-15 所示。

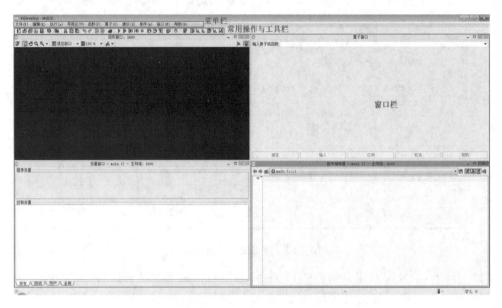

图 2-15 Halcon 软件的界面

如图 2-15 所示,Halcon 软件界面主要分为三个部分,分别是菜单栏、常用操作与工具栏以及窗口栏。

菜单栏主要是对文件和系统设置的一些常规操作,包括打开程序、新建程序、设置系统参数、调节窗口的排列形式以及软件编程助手等。

常用操作与工具栏主要是对程序的新建、编写以及调试的相关操作,包含了一些编程常用到的工具,例如:灰度直方图、特征直方图、特征检测、OCR 训练等工具。

窗口栏分为四个部分,分别是图形窗口、算子窗口、变量窗口以及程序编辑器窗口,其中变量窗口又包含图像变量和控制变量。

图形窗口显示的是执行完当前程序后的图像;算子窗口可以用于查询一些算子的具体信息,当程序出错后,利用算子窗口可以帮助修正错误;变量窗口包括图像变量和控制变量,图像变量会将每一步程序处理后的图像存储起来,控制变量会存储一些数组、常量等数字量;程序编辑器窗口用于编写程序。

2.1.4 Halcon 软件常用操作介绍

Halcon 的操作有很多,这里只介绍经常要用到的操作。

1. 创建新程序

在 Halcon 的使用中,第一步就是要创建一个新程序。该操作在菜单栏中,选择"文件"→

"新程序"命令,即可完成操作,如图 2-16 所示。

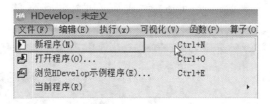

图 2-16　创建新程序

2. 运行程序

当编写完 Halcon 程序后,则需要对程序进行运行。该操作在常用操作与工具栏中,选择"运行"按钮即可,如图 2-17 所示。

图 2-17　"运行"按钮

3. 重置程序执行

在需要再次运行程序观察结果时,可以选择重置程序运行。该操作在菜单栏中,选择"执行"→"重置程序执行"命令,即可完成操作,如图 2-18 所示。

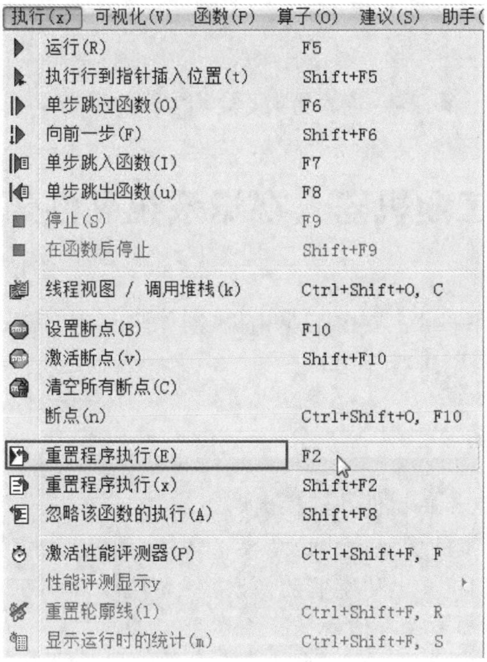

图 2-18　重置程序执行

4. 单步调试程序

在编写程序时,肯定会需要用到调试功能,而单步调试可以更加方便地帮助寻找程序中的漏洞。该操作在常用操作与工具栏中,选择"单步跳过函数"按钮即可,如图 2-19 所示。

图 2-19　"单步跳过函数"按钮

5. 设置单步模式下图像的显示参数

在单步调试的模式下,如果不设置单步模型下图像的显示参数,那么每当执行一步后,图像的结果将会相互叠加。如果想要观察每一步的结果时,可以将该设置调整为"清空并显示"。该操作在菜单栏中,执行"可视化"→"更新窗口"→"在单步模式下"→"清空并显示"命令即可,如图2-20所示。若想要实现其他效果,也可以根据实际需求来进行选择。

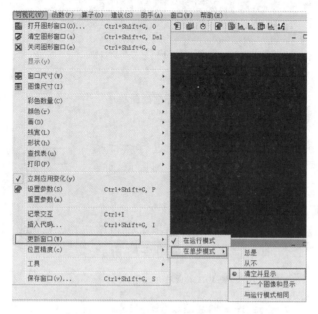

图 2-20　单步模式下图像的显示参数设置

◀ 2.2　工业机器人视觉系统硬件环境搭建 ▶

工业机器人视觉的硬件平台主要由工业相机、图像采集卡、镜头、光源以及支架平台构成,下面分别对以上 5 个部分分别进行介绍。

2.2.1　工业相机

工业相机主要是由光电传感器件和转换电路组成。

对于工业相机而言,相机的像元尺寸是需要了解的,像元尺寸就是每个像素的实际物理尺寸,平时说的分辨率,就是相机光电传感器的像素数。例如,720×576 表示 CMOS 或者 CCD 上的宽度为 720 个像素,高度为 576 个像素。

在选择相机的时候,首先考虑的便是分辨率,一般有 30 万像素、500 万像素等,分辨率越高当然图片就越清晰。然后是尺寸,经常看到 1/3、2/3、1/4,这个表示成像靶面的对角线尺寸,单位是英寸,也就是 CCD 或者 CMOS 的对角线尺寸。

1. 工业相机的分类

(1) 按照芯片类型:分为 CCD(charge coupled device 电荷耦合装置)和 CMOS (complementary metal oxide semiconductor 互补金属氧化物半导体)两种。CCD 与 CMOS 的参数比较如表 2-1 所示,性能比较如表 2-2 所示。

表 2-1　CCD 与 CMOS 的参数比较表

参　　数	CCD	CMOS
灵敏度	高	较差

续表

参 数	CCD	CMOS
动态范围	高	中等
一致性	高	低至中等
曝光速度	快	稍慢
主时钟速度	中等至高	较高
开窗	有限	灵活
抗散焦	高至无	高
供电电压	种类多、电压高	单一、电压低

表 2-2 CCD 与 CMOS 的性能比较表

性 能	CCD	CMOS
优	1. 图像质量高 2. 灵敏度高 3. 对比度高	1. 体积小 2. 片上数字化 3. 很多片上处理功能 4. 低功耗 5. 没有 Blooming 现象 6. 直接访问单个像素 7. 高动态范围(120 dB) 8. 帧率可以更高
劣	1. Blooming 2. 不能直接访问每个像素 3. 没有片上处理功能	1. 一致性较差 2. 光灵敏度差 3. 噪声大

（2）按照传感器的结构特点：分为线阵相机和面阵相机两种。线阵相机是将很多个感光器排成一条线，形成线阵列。面阵相机是将感光器排列成一个面阵列。

（3）按照扫描方式：分为隔行扫描和逐行扫描两种。隔行扫描是指相机先获取图像的奇数行，0.01～0.02 秒后再获取偶数行。然后把奇偶场合并成一副图像。逐行扫描是指每行依次扫描获取图像。

（4）按照输出方式：分为模拟相机和数字相机两种。模拟相机所输出的信号形式为标准的模拟量视频信号，需要配专用的图像采集卡将模拟信号转化为计算机可以处理的数字信号，以便后期计算机对视频信号的处理与应用。主要优点是通用性好、成本低，缺点表现为一般分辨率较低、采集速度慢，且在图像传输中容易受到噪声干扰。数字相机视频输出信号为数字信号，相机内部集成了 A/D 转换电路，直接将模拟量的图像信号转化为数字信号，具有图像传输抗干扰能力强，视频信号格式多样，分辨率高，视频输出接口丰富等特点。

（5）按照输出色彩：分为黑白相机和彩色相机两种。

（6）按照输出信号的速度：分为普通速度相机和高速相机两种。

2. 相机的相关参数

（1）感光器的尺寸：

1/4 inch, 3.2 mm×2.4 mm;

1/3 inch,4.8 mm×3.6 mm;

1/2 inch,6.4 mm×4.8 mm;

2/3 inch,8.8 mm×6.6 mm;

1 inch,12.8 mm×9.6 mm。

（2）曝光时间：也是快门时间，相机采集一幅图像的时间。一般能达到几万分之一秒。

（3）光圈：调整照射到感光器上光亮的多少。在摄像机参数中调整光圈就是调整光亮积分时间。

（4）帧率：每秒钟内摄像机最多能采集的图像数目。一般图像越大帧率就越小。

（5）分辨率：图像的大小。

3. 选择相机的依据

（1）被照目标是静态还是动态。

（2）拍照的频率。

（3）是缺陷检测还是定位、尺寸测量。

（4）产品的大小（视野）。

（5）精度。

（6）软件的性能。

（7）现场环境。

（8）其他特殊要求。

如果是动态拍照，运动速度是多少，根据运动速度选择最小曝光时间以及是否需要逐行扫描的相机。如果物体运动速度快，曝光时间短，就会出现虚影或者拉线。相机的帧率（最高拍照频率）跟像素有关，通常分辨率越高帧率越低，不同品牌的工业相机的帧率略有不同。

根据检测任务的不同、产品的大小、需要达到的分辨率以及所用软件的性能可以计算出所需工业相机的分辨率。现场环境要考虑的是温度、湿度、干扰情况以及光照条件来选择不同的工业相机。

4. 相机选型举例

根据项目的需求，选择合适的相机是至关重要的。

例如：检测任务是尺寸测量，产品大小是 10 mm×5 mm，精度要求是 0.01 mm，流水线作业，速度 0.5 m/s，检测速度是 10 件/秒，现场环境是普通工业环境，不考虑干扰问题。计算出所需相机的分辨率、曝光时间、帧率。

（1）首先我们知道是流水线作业，速度比较快，因此选用逐行扫描相机。

（2）考虑每次机械定位的误差，将视野比物体适当放大，按照 1.2 倍计算，视野大小我们可以设定为 12 mm×6 mm。

（3）假如我们能够取到很好的图像（比如可以打背光），那么我们需要的相机分辨率就是 10/0.01＝1000 pixcel（像素），另一方向是 6/0.01＝600 pixcel，也就是说我们相机的分辨率至少需要 1000×600 pixcel，因此选择 1024×768 像素。

（4）如果软件性能和机械精度不能精确的情况下也可以考虑 1280×1024 pixcel。

（5）帧率在 10 帧/秒以上的即可。选择 15 帧/秒。

（6）我们以在曝光时间内，物体运动小于一个像素为准，选择 2/3 inch 的感光器，则曝光时间为：8.8/1024/(0.5×1000)=1/58181 秒，取 1/10 万秒。

5. 摄像头

当现场环境没有工业相机时，也可以使用摄像头来代替。摄像头（CAMERA 或

WEBCAM)又称为电脑相机、电脑眼、电子眼等,是一种视频输入设备,被广泛地运用于视频会议、远程医疗及实时监控等方面。

摄像头可分为数字摄像头和模拟摄像头两大类。数字摄像头可以将视频采集设备产生的模拟视频信号转换成数字信号,进而将其储存在计算机里。模拟摄像头捕捉到的视频信号必须经过特定的视频捕捉卡将模拟信号转换成数字模式,并加以压缩后才可以转换到计算机上运用。数字摄像头可以直接捕捉影像,然后通过串、并口或者 USB 接口传到计算机里。电脑市场上的摄像头基本以数字摄像头为主,而数字摄像头中又以使用新型数据传输接口的 USB 数字摄像头为主,市场上可见的大部分都是这种产品。

摄像头的结构组件包括镜头、图像传感器和电源。其中图像传感器包含两种,分别是 CCD(charge-coupled device)电荷耦合器件以及 CMOS(complementary metal oxide semiconductor)互补金属氧化物半导体。其工作原理如下:景物通过镜头生成的光学图像投射到图像传感器表面上,然后转为电信号,经过 A/D(模数转换)转换后变为数字图像信号,再送到数字信号处理芯片中加工处理,再通过 USB 接口传输到电脑中处理,通过显示器就可以看到图像了。

摄像头的常见参数包括图像解析度(分辨率)、图像格式、自动白平衡调整、图像压缩方式、彩色深度、图像噪声、视角以及输入/输出接口。

图像解析度(分辨率)包括 SXGA(1280×1024)、XGA(1024×768)、SVGA(800×600)、VGA(640×480)、CIF(352×288)、SIF/QVGA(320×240)、QCIF(176×144)、QSIF/QQVGA(160×120)。

图像格式主要包括 RGB24 和 I420,RGB24 表示 R、G、B 三种颜色各 8 bit,最多可表现 256 级浓淡,从而可以再现 256×256×256 种颜色,I420 是 YUV 的格式之一。图像的其他格式还包括 RGB565、RGB444 以及 YUV4:2:2 等。

自动白平衡调整是要求在不同色温环境下,照白色的物体,屏幕中的图像也应是白色的。色温表示光谱成分,光的颜色。色温低表示长波光成分多。当色温改变时,光源中三基色(红、绿、蓝)的比例会发生变化,需要调节三基色的比例来达到彩色的平衡,这就是白平衡调节。

图像压缩方式主要用到的是 JPEG:(jointphotographicexpertgroup)静态图像压缩方式,其是一种有损图像的压缩方式。压缩比越大,图像质量也就越差。当图像精度要求不高存储空间有限时,可以选择这种格式。大部分数码相机都使用 JPEG 格式。

彩色深度反映对色彩的识别能力和成像的色彩表现能力,实际就是 A/D 转换器的量化精度,是指将信号分成多少个等级。常用色彩位数(bit)表示。彩色深度越高,获得的影像色彩就越艳丽动人。市场上的摄像头均已达到 24 位,有的甚至是 32 位。

图像噪声指的是图像中的杂点干扰。表现为图像中有固定的彩色杂点。

视角与人的眼睛成像是相同原理,简单说就是成像范围跟使用的镜头有关。

输入/输出接口主要包括串行接口(RS232/422)、并行接口(PP)、红外接口(IrDA)、通用串行总线 USB、IEEE1394 接口(ilink)。目前,所使用的输入/输出接口大部分都是通用串行总线 USB。

摄像头的选型主要从镜头、感光芯片和主控芯片上进行选择。

对于镜头来说,一般有塑胶透镜(plastic)或玻璃透镜(glass)。通常摄像头用的镜头构造有:1P、2P、1G1P、1G2P、2G2P、4G 等。透镜越多,成本越高;玻璃透镜比塑胶贵。因此一个品质好的摄像头应该是采用玻璃镜头,成像效果就相对塑胶镜头会好。市场上的大多摄像头产品为了降低成本,一般会采用塑胶镜头或半塑胶半玻璃镜头(即:1P、2P、1G1P、1G2P 等)。

对于感光芯片来说,CCD(charge coupled device,电荷耦合元件),一般是用于摄影摄像方面的高端技术元件,应用技术成熟,成像效果较好,但是价格相对而言较贵。CMOS (complementary metal-oxide semiconductor,金属氧化物半导体元件)应用于较低影像品质的产品中。它相对于 CCD 来说价格低、功耗小。CCD 的优点是灵敏度高、噪音小、信噪比大。但是生产工艺复杂、成本高、功耗高。CMOS 的优点是集成度高、功耗低(不到 CCD 的 1/3)、成本低。但是噪声比较大、灵敏度较低。较早期的 CMOS 对光源的要求比较高,在采用 CMOS 为感光元器件的产品中,通过采用影像光源自动增益补强技术,自动亮度、白平衡控制技术,色饱和度、对比度、边缘增强以及伽马矫正等先进的影像控制技术,可以接近 CCD 摄像头的效果。在相同像素下 CCD 的成像往往通透性、明锐度都很好,色彩还原、曝光可以保证基本准确。而 CMOS 的产品往往通透性一般,对实物的色彩还原能力偏弱,曝光也都不太好。高端摄像头基本都采用的是 CCD 感光元器件,主流产品则基本是 CCD 和 CMOS 平分秋色,总的来说还是 CCD 的效果好一点,CCD 元件的尺寸多为 1/3 英寸或者 1/4 英寸,在相同的分辨率下,宜选择元件尺寸较大的为好。用户可以根据自己的喜好来选购。

对于主控芯片来说,是根据摄像头成本、市场接受程度来进行确定,一般来说都是用 DSP 来作为主控芯片。DSP 的设计、生产技术已经逐渐成熟,在各项技术指标上相差不是很大,只是有些 DSP 在细微的环节及驱动程序要进行进一步改进。

在 Halcon 中,可以运用图像采集助手完成摄像头的连接,具体步骤如下。

(1)打开图像采集助手。

在菜单栏中,选择"助手"→"Image Acquisition",打开图像采集助手,如图 2-21 所示。

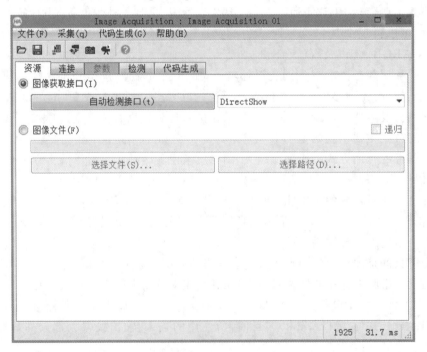

图 2-21　图像采集助手窗口

(2)实时采集图像。

在图像采集助手窗口中,单击"连接",在设备中选取用 USB 连接的摄像头,依次单击"连接"和"实时",即可完成摄像头的实时采集,如图 2-22 所示。

(3)生成程序。

将"连接"设置完成后,单击"代码生成",先选择控制流和采集模式的方式后,单击"插入代

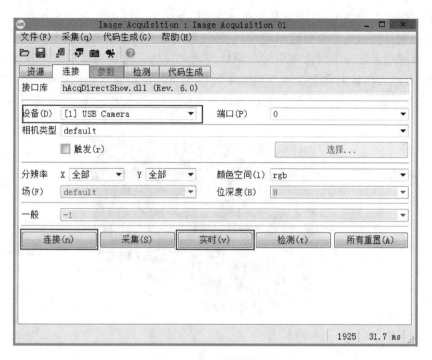

图 2-22 "连接"设置窗口

码",即可完成程序的生成,如图 2-23 所示。

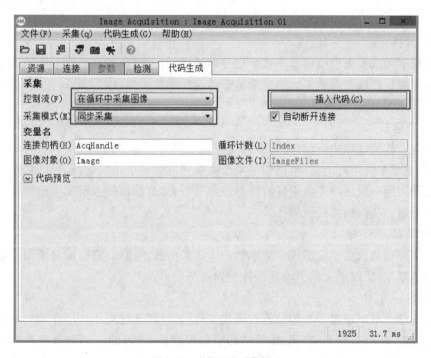

图 2-23 "代码生成"窗口

2.2.2 图像采集卡

图像采集卡(image capture card),又称图像捕捉卡,是一种可以获取数字化图像信息,以数据文件的形式保存在硬盘上,它通常是一张插在 PC 上的卡。图像采集卡的作用是将摄像头与 PC 连接起来,它从摄像头中获得数据(模拟信号或数字信号),然后转换成 PC 能处理的信息。

整个机器视觉系统分为图像采集与图像处理两大板块。图像采集卡就是连接这两大板块的重要组件,可以说图像采集卡在机器视觉系统中扮演着重要的角色。如图 2-24 所示是一款 PCIE-86048 图像采集卡,它专用于工业机器视觉相关应用设计。

图 2-24　PCIE-86048 图像采集卡

下面是图像采集卡常用的一些概念。

1. A/D 转换

图像采集卡可以实现模拟信号向数字信号的转换,对于整个机器视觉系统的图像采集工作起着重要的作用。而机器视觉系统图像采集卡的这一模数转换,称为 A/D 转换,相应的实现转换的组件被称之为 A/D 转换器。

2. 传输通道数

在工业生产检测过程中,有时需要多台视觉系统同时运作,才能保证一定的生产效率。因此,为了可以满足系统运行的需要,图像采集卡需要同时对多个相机进行 A/D 转换。传输通道数指的就是利用同一块图像采集卡同时进行转换的数目,目前市场上研发生产的采集卡可选传输通道有单通道、双通道、四通道等模式。

3. 采样频率

采样频率是机器视觉系统图像采集卡的一个主要的技术指标,它指的是图像采集卡在采集图像信息时的频率,反映了采集卡处理图像的速度与能力。

4. 帧和场

一个视频信号可以通过一系列帧进行渐进采样,也可以通过对于一个序列的隔行扫描的场进行隔行扫描采样,而在这个隔行扫描采样的视频序列里,一帧的一半的数据是在每个时间采样间隔进行采样的。

2.2.3　镜头

镜头是一种光学设备,它的作用是产生锐利的图像,得到被测物体的细节。光学镜头实物图如图 2-25 所示。

镜头在光学系统中属于摄影系统,常见的光学系统有放大系统、望远系统、显微系统、摄影系统。

1. 镜头的有关参数

在摄影系统中,用 Y 来表示成像靶面的半高,用 W 表示镜头半视场角,f 表示焦距,则 $Y = \tan w \cdot f$,Y 是不变的,所以相机焦距越大,则视场角就越小,焦距越小,视场越大。

镜头的选择主要取决于焦距 f,镜头的规范焦距为:8 mm、12.5 mm、16 mm、25 mm、50 mm。

图 2-25 光学镜头

光圈:镜头光圈的大小用相对孔径表示 $F = D/f$,D 为光圈直径,f 为焦距。镜头上的相对孔径用 $1/F$ 来表达。F 越大,即光圈越大,景深越短;光圈越小,景深越长,所以可以通过减小光圈加大光强度来获得较大的景深范围内的清晰图像。

2. 镜头的选型参数

(1) WD:工作距离,物镜到被测物体之间的距离,如图 2-26 所示。

(2) Ho:视野高度。一般视野为 4:3 的长方形,可以仅用其高度 Ho 来代表视野的尺寸,如图 2-27 所示。在被测物体定位精度允许的情况下,应尽可能使被测物体占满整个视野,以提高整个系统的分辨率和测量精度。

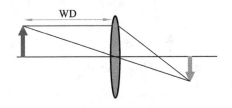

图 2-26 工作距离示意图

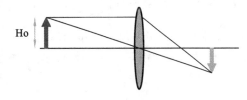

图 2-27 视野高度示意图

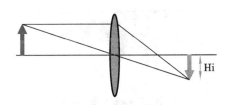

图 2-28 摄像机有效成像面的高度示意图

(3) Hi:摄像机有效成像面的高度。CCD 成像面多为 4:3 的长方形,用其高度 Hi 来代表传感器相面的大小,如图 2-28 所示。

(4) PMAG:镜头的放大倍数 PMAG = Hi/Ho。

(5) LE:镜头像平面的扩充距离,LE = PMAG × f。为了实现聚焦像平面必须后移的距离,镜头焦距的计算公式为:f = WD × PMAG/(1 + PMAG)。

3. 镜头的选型步骤

(1) 获得工作距离 WD。通常为一距离范围,取中间值。

(2) 计算图像的放大倍数 PMAG。

(3) 用 WD 和 PMAG 计算所需的焦距 f。

(4) 选择最接近计算值镜头规范的焦距值。

(5) 根据规范焦距值重新核算 WD。

4. 镜头选型举例

例如:所照视场的高度为 6 cm,所用的摄像机传感器的高度为 6.6 mm,工作距离在 10~30 cm 范围内,选择镜头的焦距。

（1）镜头的放大倍数为：PMAG＝6.6 mm/6 cm＝0.11；

（2）取 WD＝20 cm，则：f＝20 cm×0.11/(1＋0.11)＝19.82 mm；

（3）选择最接近规范焦距的 16 mm 镜头，反算 WD 为：WD＝f×(1＋PMAG)/PMAG＝16.1 cm；

（4）镜头的扩充距离：LE＝f×PMAG＝16×0.11 mm＝1.76 mm。

2.2.4　光源

光源所需考虑的是打光的方式、光源的亮度以及光源的色度这三个方面。其中最重要的便是打光的方式。

打光的方式可以采用背光打法、顶光打法，带一定角度的斜光打法，打光应尽量让图像光照均匀、目标和背景有比较好的对比度。当做一切缺损检测的时候，一般用背光打法比较好，这个时候背景会偏亮，物体会暗，在采用 blob 分析算法就可以很好检测物品缺陷，当物体出现反光的时候可以采用偏振光，也就是加偏振片。同时也可以采用不同颜色的光，例如，红色的物体它可以反射红色光吸收别的颜色的光，所以当用同种颜色的光打在对应物体上，则跟这个光源颜色相同的物体反射的能力最强，就会呈现这种颜色，亮度也是最大的。

白光光源实物图如图 2-29 所示。

2.2.5　支架平台

支架平台是用于固定相机和光源的，一般是 X、Y、Z 三个方向的移动，可以进行粗调和微调，用于调整物距和视场。一般来说，选择二维平移台，二维平移台如图 2-30 所示。

图 2-29　白光光源

图 2-30　二维平移台

第3章
图像采集

　　图像采集是机器视觉的输入项,也是图像处理的基础。采集图像的速度和质量会直接影响后续图像处理的效率。本章主要介绍基于 Halcon 软件的图像采集方法,包括图像的基本概念、获取非实时图像、获取实时图像以及一个简单的图像采集及其处理的实例。本章的重点内容包括非实时图像的获取和实时图像的获取两个部分,在这两个部分中,获取非实时图像包含读取图片文件和读取视频文件两个部分;获取实时图像包含连接图像采集接口、抓取图像以及关闭图像采集接口三个部分。

◀ 3.1 图 像 ▶

3.1.1 图像的概念

图像的基本组成单位是像素,也就是说图像是像素的集合。

像素中文全称为图像元素。像素是指基本原色素及其灰度的基本编码,它是构成数码影像的基本单元,通常以像素每英寸 PPI(pixels per inch)为单位来表示影像分辨率的大小。像素仅仅是分辨率的尺寸单位,而不是画质。

例如:720×480 PPI 分辨率,即表示这帧图像水平方向每英寸长度上是 720 个像素,垂直方向每英寸长度上是 480 个像素,也可表示为一平方英寸内有 34.56 万(720×480)个像素。

在计算机内部,数字图像都是用矩阵来表示的,所以在数字图像的算法里可以采用矩阵的形式,矩阵的行对应图像的宽(单位像素),矩阵的列对应图像的高(单位像素),矩阵元素的值就是像素的灰度值和亮度值。数字图像成像原理如图 3-1 所示。

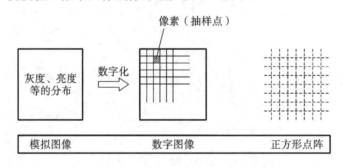

图 3-1 数字图像成像原理

3.1.2 Halcon 图像的基本结构

在 Halcon 图像中有一些常用的基本数据结构,下面来分别简单介绍一下。

1. Image

Image 是 Halcon 的图像类型,由矩阵数据组成,矩阵中的每个值表示一个像素,同时在 Image 中还包含有单通道或者多通道的颜色信息。

(1) 定义域:每张图像都有其定义域(domain),代表图像中要处理的像素范围,类似于 ROI。

(2) 像素值:像素值可以为整型和浮点型。

(3) 通道:单通道的是灰度图像,三通道的是彩色图像。

(4) 坐标系统:左上角为坐标原点(0,0),坐标值的范围从(0,0)到(height-1,width-1)。每一个像素点的中心坐标为(0,0),因此第一个像素点的范围是从(-0.5,-0.5)到(0.5,0.5)。

2. Region

Region 是指图像中的一块区域。该区域数据由点的坐标组成,表达的意义类似于一个范围。可以通过 Region 来创建一个感兴趣区域(ROI),该区域可以是任意形状,可以包含孔洞,甚至是不连续的点。

3. XLD（eXtendedLineDescription）

XLD 是指图像中某一块的轮廓，由 Region 边缘的连续的点组成，是一连串的坐标的串列，相邻两点之间以直线相连。

4. Tuple

Tuple 类似于数组，可以用于存储一幅或多幅图像。如果要对一些图像进行批处理，可以将这些图像存入 Tuple 进行一次性处理。

5. Handle

Handle 是用于管理一组复合的变量，类似于 Windows 程序中的句柄。例如：图形视窗、档案、sockets、取像设备等均以 Handle 来标识要操作的对象。

◀ 3.2　获取非实时图像 ▶

在机器视觉项目中，由于开发人员不一定能一直在现场进行调试，因此会拍一些现场照片或者视频来作为素材。开发人员通过编写算法对这些照片或者视频进行测试。测试通过后，再连接相机进行实时采集，通过这种方式可以提高开发效率。

3.2.1　读取图像文件

Halcon 算子的基本结构为：算子（图像输入：图像输出：控制输入：控制输出：）。

Halcon 算子中的四种参数被三个冒号依次隔开，分别为：图像输入参数、图像输出参数、控制输入参数、控制输出参数。一个算子中可能这四种参数不会同时都存在，但是参数的次序不会变化。Halcon 中的输入参数不会被算子更改，只会被算子使用，算子只能更改输出参数。

对于获取非实时图像来说，就是从指定路径去读取图片或序列，所需用到的最关键的算子为 read_image（:Image:Filename:）。对于 read_image 而言，其相关参数含义如下。

Image（输出参数）：存放读入的图像的量，图像数据格式可以是 int2、uint2、vector_field、int4 等。

Filename（输入参数）：要读入图片的绝对路径，图片格式可以是 . hobj、. ima、. tif、. tiff、. gif、. bmp、. jpg、. jpeg、jp2、. jxr、. png、pcx、. ras、. xwd、. pbm、. pnm、. Pgm、. Ppm。

1. 读取单张图片

对于读取单张图片而言，其参考代码如下：

read_image（Image,'D://lenna. bmp'）

2. 读取整个文件夹图像

对于读取整个文件夹图像而言，其实现步骤可以分为三步。第一步为列出指定路径下的文件，第二步为选择符合条件的文件，第三步为循环读取文件夹中的图像。

参考代码如下：

```
* 列出指定路径下的文件
list_files('D:/Picture',['files','follow_links'],ImageFiles)
* 选择符合条件的文件
tuple_regexp_select(ImageFiles,['\\.(tif|tiff|gif|bmp|jpg|jpeg|jp2|png|
pcx|
```

```
pgm|ppm|pbm|xwd|ima|hobj)$ ','ignore_case'],ImageFiles)
```
* 循环读取文件夹中的图像
```
for Index:= 0 to|ImageFiles|- 1 by 1
read_image(Image,ImageFiles[Index])
    endfor
```

在 Halcon 中还可以通过图像采集助手来读取图像文件。选择菜单栏中的"助手"→"打开新的 Image Acquisition"选项,将出现 Halcon 图像采集助手窗口,如图 3-2 所示。

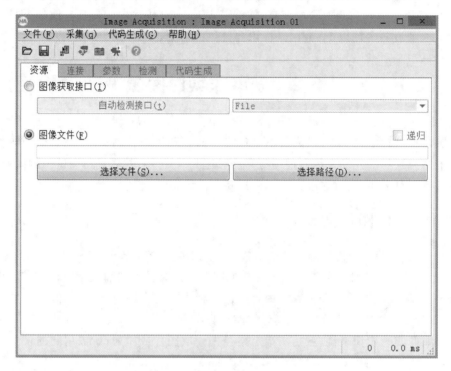

图 3-2　Halcon 图像采集助手窗口

对于读取单张图片而言,在图像采集助手窗口中的"资源"选项卡中,选择"图像文件",单击"选择文件"按钮,选择相应的图片路径即可。

对于读取整个文件夹而言,在图像采集助手窗口中选择"图像文件",单击"选择路径"按钮,选择想要导入图片的路径即可。

若想要查看上述步骤的代码,则只需要单击"代码生成",在弹出的下拉菜单中单击"插入代码",即可生成相应的代码,"代码生成"下拉菜单如图 3-3 所示。

在完成上述步骤后,单击"运行"按钮,即可查看读取图像效果,完成非实时图像采集。

3.2.2　读取视频文件

读取视频文件的方式与读取图像文件类似,这里还是以 Halcon 图像采集助手举例。选择菜单栏中的"助手"→"打开新的 Image Acquisition"选项,在图像采集助手窗口中的"资源"选项卡中,选择"图像获取窗口",并在之后的下拉列表中选择"DirectFile"选项,这个便是 Halcon 读取视频文件的接口,如图 3-4 所示。

在完成上述步骤后,选择"连接"选项卡,在其中设置读取视频的参数,在"媒体文件"中选择视频文件所在的路径,即可完成视频的输入,如图 3-5 所示。

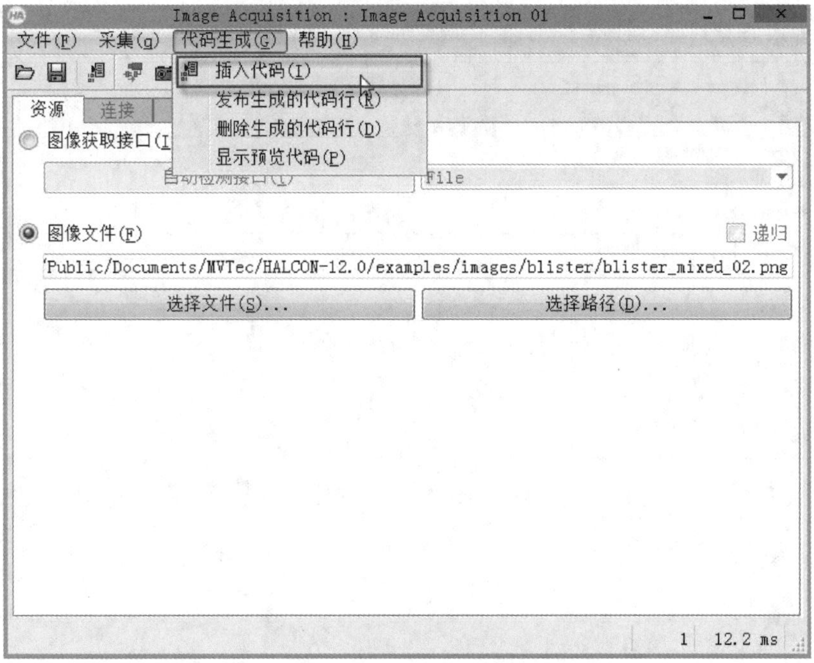

图 3-3 "代码生成"下拉菜单

图 3-4 Halcon 图像采集助手窗口

实现读取视频的参考代码如下：

* 开启图像采集接口

```
open_framegrabber('DirectFile',1,1,0,0,0,0,'default',8,'rgb',- 1,'false
','F:/test.avi','default',- 1,- 1,AcqHandle)
```

* 开始图像采集

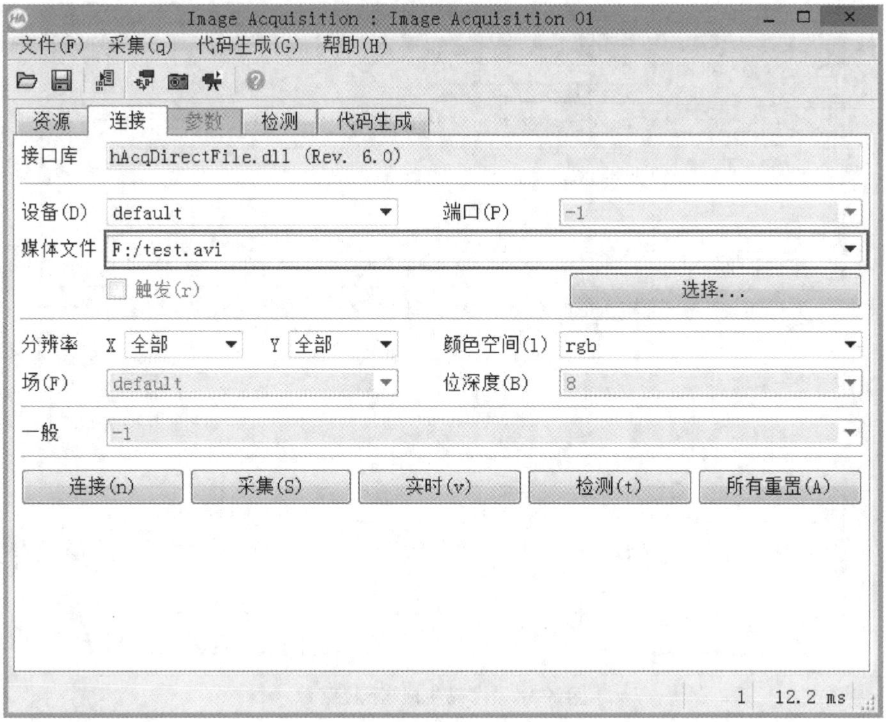

图 3-5 设置读取视频的参数

```
grab_image_start(AcqHandle,- 1)
* 循环采集
while(true)
* 用异步采集的方式获取图像
grab_image_async(Image,AcqHandle,- 1)
endwhile
* 关闭采集接口
close_framegrabber(AcqHandle)
```

在 Halcon 中所支持的视频格式只有".avi",并且根据视频的解码方式不同,也会出现视频读取失败的情况。因此,建议采用图像或图像序列的方式来代替非实时视频输入。

◀ 3.3　获取实时图像 ▶

3.3.1　Halcon 的图像采集步骤

在 Halcon 中图像采集步骤主要分为以下三步。

(1) 开启图像采集接口:连接相机并返回一个图像采集句柄。

(2) 读取图像:设置采集参数并读取图像。

(3) 关闭图像采集接口:在图像采集结束后断开与图像采集设备的连接,释放资源。

Halcon 采集步骤如图 3-6 所示。

图 3-6　Halcon 的图像采集步骤

3.3.2　使用 Halcon 接口连接相机

Halcon 支持的相机种类非常多,基本上涵盖了市面上的常用机型。如果所使用的相机支持 Halcon,就可以直接使用 Halcon 自带的接口库来实现连接。下面根据图像采集的步骤,对如何使用 Halcon 进行实时图像的采集进行介绍。

(1) 对于所有的接口来说,采集图像的第一步都是连接相机。在 Halcon 中,连接相机调用的便是 open_framegrabber 算子,该算子的详细参数如下。

HorizontalResolution(水平相对分辨率):如果是 1,表示采集的图宽度和原图一样大;如果是 2,表示采集图的宽度为原图的两倍。默认为 1。

VerticalResolution(垂直相对分辨率):与水平相对分辨率类似。默认为 1,表示采集的图宽度和原图一样大。

ImageWidth:表示图像的宽,即每行的像素数。默认为 0,表示原始图的宽度。

ImageHeight:表示图像的高,即每列的像素数。默认为 0,表示原始图的高度。

StartRow、StartColumn:表示采集的图在原始图像上的起始坐标,这两个值都默认为 0。

Field:相机的类型,默认为 defalut。

BitsPerChannel:表示像素的位数,默认为 −1。

ColorSpace:表示颜色空间,默认为 defalut,也可以选择 Gray,表示灰度;或选择 RGB,表示彩色。

Generic:表示特定设备,默认为 −1。

CameraType:表示相机的类型,默认为 defalut,也可以根据相机的类型选择 ntsc、pal 或 auto。

Device:表示所连接的采集设备的编号,默认为 defalut。如果不确定相机的编号,可使用 info_framegrabber 算子进行查询。

Port:表示连接的端口,默认为 −1。

这个算子执行完后会返回一个图像采集的连接句柄 AcqHandle,这个句柄相当于 Halcon 和硬件进行交互的一个接口。通过该句柄可以实现图像捕获、设置采集参数等。

(2) 连接相机完成后,则可以进行第二步,也就是实时地读取图像。这部分的功能是通过 grab_image 和 grab_image_async 算子来实现的。

grab_image 算子是用于相机的同步采集。在实时获取图像时,图像的获取和处理是两个不同的环节。因此该算子的工作流程是先获取一帧的图像,然后等待该帧的图像转换处理完成后,再读取下一帧的图像。正是由于该算子是一帧一帧地对图像进行获取和处理,所以会导致相机的实际帧率低于标定的值,也有可能会导致采集过程的时间变长。

grab_image_async 算子是用于相机的异步采集。异步采集的优势在于其不需要等待上一帧图片处理完成再开始捕获下一帧,图像的获取和处理是两个独立的过程。异步采集可以在当前图像捕获完成后立即捕获下一帧,也可以根据设定的时间间隔来获取图像。因此在实际应用中,常常使用多线程同步机制配合异步采集。

（3）当图像采集完成后，还需要使用 close_framegrabber 算子断开接口与图像采集设备的连接。

实时采集图像的具体代码如下：

* 开启图像采集接口

```
open_framegrabber('DirectShow',1,1,0,0,0,0,'default',8,'rgb',- 1,'false','default','[0]USB2.0 VGA UVC WebCam',0,- 1,AcqHandle)
```

* 循环采集

```
while(true)
    * 用同步采集的方式获取图像
    grab_image(Image,AcqHandle)
endwhile
```

* 关闭图像采集接口

```
close_framegrabber(AcqHandle)
```

运行该代码后，可以在图像窗口中看到实时采集的图像。

3.3.3 外部触发采集图像

上述采集图像的方式都是通过软件去触发，然而在一些工业应用中，相机需要由外部硬件的信号来触发，因此大多数图像采集设备都装配至少一条输入信号线，即外部触发输入线。因此，在软件中需要在 open_framegrabber 算子中将 ExternalTrigger 的参数由 False 修改为 True，表示支持外触发模式。

在使用外触发的模式下，相机采集的流程如下。

相机先通过 grab_image 算子采集图像，然后等待外部触发信号。当收到外部触发信号后，相机等待下一帧图像送达，将其数字化并送入计算机内存。接着 Halcon 采集接口将图像变成 Halcon 中的 Image 格式，并将其返回连接句柄 AcqHandle。

通过上述流程，相机可以用外触发的形式进行循环采集。但是这种方式可能存在两点问题，第一点就是触发信号与曝光时间不同步，采集到的图像可能是没有内容的；第二点就是触发信号如果在循环中的图像处理流程结束之前到达，那么下一个循环等待触发信号可能会超时。

为了解决上述问题，需要在 set_framegrabber_param 算子设置 grab_timeout 的参数，该参数是用于指定图像采集的延时。如果没有这个参数，默认为-1，grab_image 算子会一直等待外触发信号到达。当设置了该参数后，当触发信号超过设定时间后，程序会返回一个错误代码，从而提示异常。

Halcon 中外部触发模式程序代码如下：

* 开启图像采集接口，外部触发参数设为 true

```
open_framegrabber('DirectShow',1,1,0,0,0,0,'default',8,'rgb',- 1,'true','default','[0]USB2.0 VGA UVC WebCam',0,- 1,AcqHandle)
```

* 设置超时时间

```
set_framegrabber_param(AcqHandle,'grab_timeout',50000)
```

* 循环采集

```
while(true)
```

* 用同步采集的方式获取图像

```
grab_image(Image,AcqHandle)
endwhile
* 关闭图像采集接口
close_framegrabber(AcqHandle)
```

3.4 实例：采集图像并进行简单的处理

下面介绍一个简单的采集图像的例子。本实例是利用图像采集接口，使用 USB 相机实时拍摄红枣图像，然后对采集到的红枣图像进行简单的阈值分割处理，将有红枣的区域标记出来并对其进行计数，最后将结果显示在图像窗口中。

具体的实现步骤如下。

（1）在 Halcon 中创建一个图像窗口，并连接相机。

首先使用 dev_close_window 清理显示区域，并用 dev_open_window 创建一个显示图像的窗口，然后连接采集设备。使用 open_framegrabber 连接相机，并简单地设置一些参数。

具体程序如下：

```
* 关闭当前窗口，清空屏幕
dev_close_window()
* 生成新的显示窗口
dev_open_window(0,0,640,480,'black',WindowHandle)
* 打开图像采集接口
open_framegrabber('DirectShow',1,1,0,0,0,0,'default',8,'rgb',- 1,'false','default','[1]USB Camera',0,- 1,AcqHandle)
```

执行完上述程序后，会在 Halon 中创建一个黑色的图像窗口，宽度为 640，高度为 480，如图 3-7 所示。

（2）采集图像。

由于要连续地采集图像，因此要建立图像采集循环。在循环中使用 grab_image 获取图像，并使用 dev_display 将其显示出来。

具体程序如下：

```
* 循环采集
while(true)
* 同步采集获取实时图像
grab_image(Image,AcqHandle)
* 显示采集图像
dev_display(Image)
endwhile
```

执行完上述程序后，照相机则会不断进行同步采集来获取实时图像，获取的实时图像如图 3-8 所示。

（3）对图像进行灰度化处理。

应用 rgb1_to_gray 算子将红枣图像进行灰度化处理，为之后的阈值处理做准备。灰度化处理程序如下：

图 3-7   创建一个黑色的新窗口

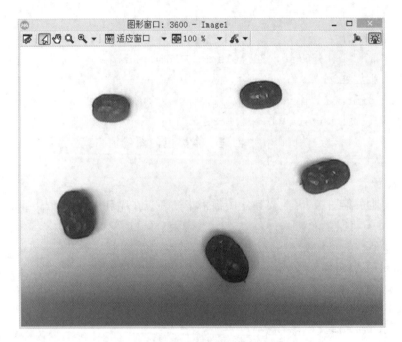

图 3-8   同步采集获取的实时图像

```
rgb1_to_gray(Image,GrayImage)
```
执行完灰度化处理后的图像如图 3-9 所示。

（4）对图像进行阈值处理。

对图像进行阈值处理是为了将红枣的图像从图像中提取出来。阈值范围的确定可以利用灰度直方图工具来确定。灰度直方图工具可以在工具栏中找到，如图 3-10 所示。

通过灰度直方图工具可以实时地查看所需区域的选中情况，从而确定所需阈值，如图 3-11 所示。

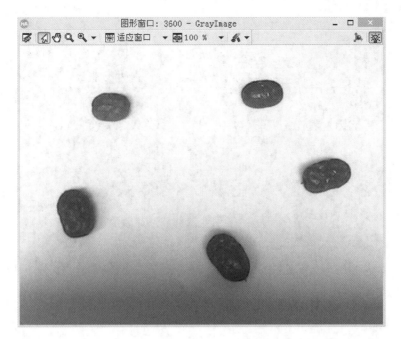

图 3-9　灰度化处理后的图像

阈值处理程序如下：

threshold(GrayImage,Regions1,4,118)

执行完阈值程序后，图像如图 3-12 所示。

（5）对区域进行填充处理。

图 3-10　灰度直方图工具

从图 3-12 中可以看出，选中的区域中有一些间断的空隙，因此需要对这些空隙进行填充处理，程序如下：

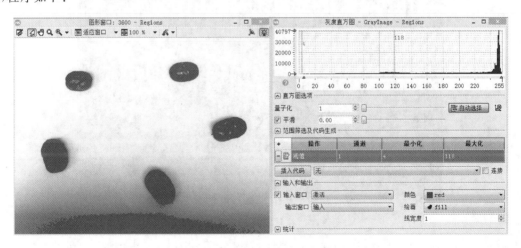

图 3-11　利用灰度直方图确定阈值

fill_up(Regions1,RegionFillUp1)

执行完 fill_up 算子后，图像如图 3-13 所示。

（6）对填充后的区域进行划分。

在图 3-13 中，填充的红色区域属于同一个区域，里面还存在不是红枣的区域。因此为了将红枣区域提取出来，需要将这些不连续的区域进行单独划分，为之后的筛选做好准备。

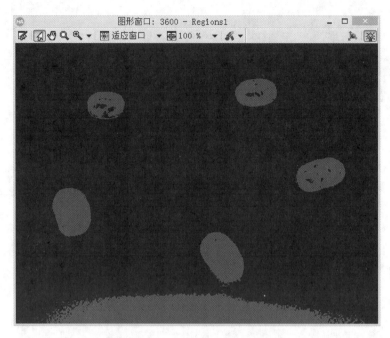

图 3-12　执行阈值处理后的图像

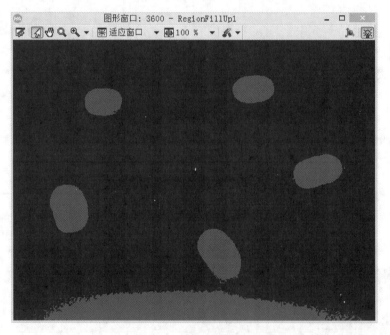

图 3-13　执行填充处理后的图像

对不连续区域进行划分所需用到的算子是 connection 算子。具体程序如下：

connection(RegionFillUp1,ConnectedRegions1)

执行完 connection 算子后，图像如图 3-14 所示。

（7）将红枣区域提取出来。

为了将红枣区域提取出来，可以通过计算各个独立区域的面积进行区分，具体的面积参数可以通过特征直方图工具来完成。特征直方图工具可以在工具栏中找到，如图 3-15 所示。

通过特征直方图工具可以实时地查看根据面积大小筛选红枣区域的情况，从而确定红枣区

图 3-14　执行区域划分后的图像

域的面积筛选值,如图 3-16 所示。

面积筛选程序如下:

select ＿ shape (ConnectedRegions1,
SelectedRegions,'area','and',2532.83,8686.68)

执行完 select_shape 算子后,图像如图 3-17 所示。

图 3-15　特征直方图工具

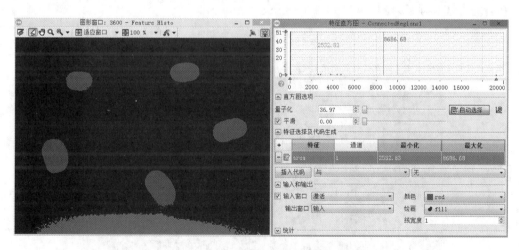

图 3-16　利用特征直方图确定面积筛选值

(8) 对红枣区域进行计数。

将红枣区域提取后,可以利用 count_obj 算子对红枣区域进行计数,并通过字符串显示在图像窗口中。字符串的字体和字号可以通过 set_font 算子来完成。

具体程序如下:

＊ 对选中的红枣区域进行计数

图 3-17　执行面积筛选后的图像

count_obj(SelectedRegions,Number)

* 设置字符串以仿宋 GB2312 字体来显示,显示的字号大小为 20

set_font(WindowHandle,'- System- 20- * - 0- 0- 0- 1- GB2312_CHARSET- ')

* 在图像窗口中显示字符串

write_string(WindowHandle,'有'+ Number+ '个红枣')

执行完上述程序后,图像窗口如图 3-18 所示。

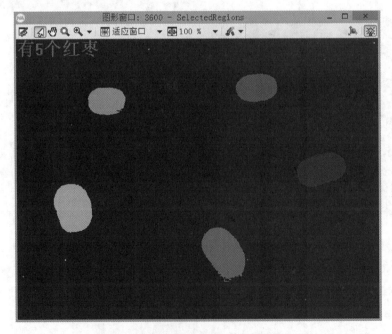

图 3-18　计数和显示字符串完成后的图像

（9）关闭图像采集接口，使用 close_framegrabber 关闭采集接口并释放资源。至此，该实例完成。

本实例完整代码如下：

```
* 关闭当前窗口,清空屏幕
dev_close_window()
* 生成新的显示窗口
dev_open_window(0,0,640,480,'black',WindowHandle)
* 打开图像采集接口
open_framegrabber('DirectShow',1,1,0,0,0,0,'default',8,'rgb',-1,'false
','default','[1]USB Camera',0,-1,AcqHandle)
* 循环采集
while(true)
    * 同步采集获取实时图像
    grab_image(Image,AcqHandle)
    * 显示采集图像
    dev_display(Image)
    * 将图像进行灰度化处理
    rgb1_to_gray(Image,GrayImage)
    * 使用阈值处理,提取较暗的部分
    threshold(GrayImage,Regions1,4,118)
    * 填充区域
    fill_up(Regions1,RegionFillUp1)
    * 将不连通的区域划分独立区域
connection(RegionFillUp1,ConnectedRegions1)
    * 运行面积将不需要的区域筛选掉
    select_shape(ConnectedRegions1,SelectedRegions,'area','and',2532.
83,8686.68)
    * 对目标进行计数
    count_obj(SelectedRegions,Number)
    * 设置字符串以仿宋 GB2312 字体来显示,显示的字号大小为 20
    set_font(WindowHandle,'-System-20-*-0-0-0-1-GB2312_CHARSET-')
    * 在图像窗口中显示字符串
    write_string(WindowHandle,'有'+ Number+ '个红枣')
    * 显示红枣区域和字符串
    dev_display(SelectedRegions)
endwhile
* 采集结束,关闭接口
close_framegrabber(AcqHandle)
```

第4章
图像预处理

　　图像预处理是对图像的形状失真、亮度低、图像噪声大等问题进行即时校正的一个关键环节,其输出的图像质量直接关系到识别的准确度和速度。本章主要介绍了图像的变换与校正、感兴趣区域 ROI、图像增强、图像的平滑与去噪。本章的重点内容在于图像的变换与校正、图像增强以及图像的平滑与去噪三个部分。在这三个部分中,图像的变换与校正包含齐次坐标、二维图像的基本操作、图像的投影变换以及仿射变换四个部分;图像增强包含直方图均衡、增强对比度以及处理失焦图像三个部分;图像的平滑与去噪包含均值滤波、中值滤波和高斯滤波三个部分。

◀ **4.1 图像的变换与校正** ▶

4.1.1 齐次坐标

齐次坐标表示法就是由 $n+1$ 维矢量表示一个 n 维矢量。n 维空间中点的位置矢量用非齐次坐标表示时,具有 n 个坐标分量$(P_1,P_2,\cdots,P_n)$,且是唯一的。普通的坐标与齐次坐标的关系为一对多,若二维点(x,y)齐次坐标表示为(hx,hy,h),则(h_1x,h_1y,h_1),(h_2x,h_2y,h_2),...,(h_mx,h_my,h_m)都表示二维空间中同一点(x,y)的齐次坐标。使用齐次坐标的优越性主要有以下两点。

(1) 提供了用矩阵运算把二维、三维甚至高维空间中的一个点集从一个坐标系变换到另一个坐标系的有效方法。

(2) 可以表示无穷远点。例如,$n+1$ 维中,$h=0$ 的齐次坐标实际上表示了一个 n 维的无穷远点。对二维的齐次坐标$[a,b,h]$,当 $h{\rightarrow}0$ 时,表示 $ax+by=0$ 的直线,即在 $y=-(a/b)x$ 上的连续点$[x,y]$逐渐趋近于无穷远,但其斜率不变。在三维情况下,利用齐次坐标表示视点在原点时的投影变换,其几何意义会更加清晰。

在后续矩阵中的坐标表示方法均为齐次坐标表示法。

4.1.2 二维图像的平移、旋转和缩放

在图像的拍摄过程中可能会存在角度偏差,因此需要对图像中失真的地方进行处理,例如通过图形学中的一些基本的几何变换对图像进行处理。下面就来简单介绍一些几何变换的方法,包括平移、旋转和缩放。

1. 二维图像的平移

设 $p_0(x_0,y_0)$ 为原图像上的一点,图像水平平移量为 T_x,垂直平移量为 T_y,平移变换坐标图如图 4-1 所示。

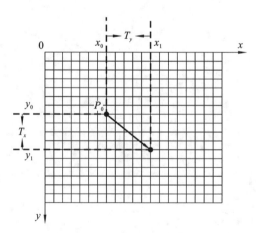

图 4-1 平移变换坐标图

根据图 4-1 可知,平移之后的点坐标(x_1,y_1)和(x_0,y_0)可表示为式(4-1)。

$$\begin{cases} x_1 = x_0 + T_x \\ y_1 = y_0 + T_y \end{cases} \tag{4-1}$$

将式(4-1)用矩阵表示可表示为式(4-2)。

$$\begin{bmatrix} x_1 \\ y_1 \\ 1 \end{bmatrix} = \begin{bmatrix} 1 & 0 & T_x \\ 0 & 1 & T_y \\ 0 & 0 & 1 \end{bmatrix} \begin{bmatrix} x_0 \\ y_0 \\ 1 \end{bmatrix} \tag{4-2}$$

若对变换矩阵求逆,则可以得到原始坐标与平移后的坐标之间的转换矩阵。通过该转换矩阵,则能够将平移后的坐标还原为原始坐标,如式(4-3)所示。

$$\begin{bmatrix} x_0 \\ y_0 \\ 1 \end{bmatrix} = \begin{bmatrix} 1 & 0 & -T_x \\ 0 & 1 & -T_y \\ 0 & 0 & 1 \end{bmatrix} \begin{bmatrix} x_1 \\ y_1 \\ 1 \end{bmatrix} \tag{4-3}$$

2. 二维图像的旋转

二维图像的旋转一般是指图像围绕某一指定点旋转一定的角度。

设 $p_0(x_0, y_0)$ 绕原点逆时针旋转角度 θ 到点 $p_1(x_1, y_1)$,如图 4-2 所示。

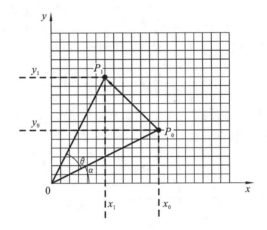

图 4-2 旋转变换坐标图

根据图 4-2 可推导出旋转角度与坐标之间的关系,如式(4-4)所示。

$$\begin{cases} x_1 = \cos\theta \cdot x_0 - \sin\theta \cdot y_0 \\ y_1 = \cos\theta \cdot y_0 + \sin\theta \cdot x_0 \end{cases} \tag{4-4}$$

将式(4-4)用矩阵表示可表示为式(4-5)。

$$\begin{bmatrix} x_1 \\ y_1 \\ 1 \end{bmatrix} = \begin{bmatrix} \cos\theta & -\sin\theta & 0 \\ \sin\theta & \cos\theta & 0 \\ 0 & 0 & 1 \end{bmatrix} \begin{bmatrix} x_0 \\ y_0 \\ 1 \end{bmatrix} \tag{4-5}$$

若对变换矩阵求逆,则可以得到原始坐标与旋转后的坐标之间的转换矩阵。通过该转换矩阵,则能够将旋转后的坐标还原为原始坐标,如式(4-6)所示。

$$\begin{bmatrix} x_0 \\ y_0 \\ 1 \end{bmatrix} = \begin{bmatrix} \cos\theta & \sin\theta & 0 \\ -\sin\theta & \cos\theta & 0 \\ 0 & 0 & 1 \end{bmatrix} \begin{bmatrix} x_1 \\ y_1 \\ 1 \end{bmatrix} \tag{4-6}$$

3. 二维图像的缩放

二维图像的缩放就是二维图像按照指定的缩放比率进行放大和缩小,如图 4-3 所示。

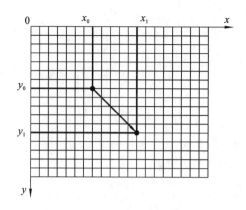

图 4-3　缩放变换效果图

设图像 x 轴方向的缩放比率为 S_x，y 轴方向的缩放比率为 S_y，则相应的变换表达式如式 (4-7) 所示。

$$\begin{cases} x_1 = x_0 \cdot S_x \\ y_1 = y_0 \cdot S_y \end{cases} \tag{4-7}$$

将式 (4-7) 用矩阵表示可表示为式 (4-8)。

$$\begin{bmatrix} x_1 \\ y_1 \\ 1 \end{bmatrix} = \begin{bmatrix} S_x & 0 & 0 \\ 0 & S_y & 0 \\ 0 & 0 & 1 \end{bmatrix} \begin{bmatrix} x_0 \\ y_0 \\ 1 \end{bmatrix} \tag{4-8}$$

若对变换矩阵求逆，则可以得到原始坐标与缩放后的坐标之间的转换矩阵。通过该转换矩阵，则能够将缩放后的坐标还原为原始坐标，如式 (4-9) 所示。

$$\begin{bmatrix} x_0 \\ y_0 \\ 1 \end{bmatrix} = \begin{bmatrix} 1/S_x & 0 & 0 \\ 0 & 1/S_y & 0 \\ 0 & 0 & 1 \end{bmatrix} \begin{bmatrix} x_1 \\ y_1 \\ 1 \end{bmatrix} \tag{4-9}$$

4.1.3　投影变换

投影变换是一个最为广义的线性变换，下面利用一维投影变换示意图来进行介绍，一维投影变换示意图如图 4-4 所示。

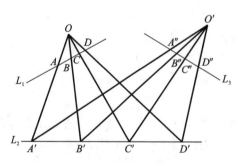

图 4-4　一维投影变换示意图

如图 4-4 所示，过 O 点的直线束分别交直线 L_1 与 L_2 于 A、B、C、D 和 A'、B'、C'、D'。对于 L_1 上的任意一点，如点 A，总可在 L_2 上找到与其对应的点 A'，A' 为 OA 射线与 L_2 的交点。当 OA 与 L_2 平行时，则定义 OA 与 L_2 的交点 A' 为 L_2 上的无穷远点。实际上这种几何关系给出

了 L_1 与 L_2 之间的一个——对应的变换,称为一维中心投影变换。同样,L_2 上的点列 A'、B'、C'、D' 又可以通过以另一点 O' 为中心的一维中心投影变换变换为 L_3 上的点列 A''、B''、C''、D'',以上两个中心投影变换的积就表示了 L_1 与 L_3 之间的变换关系。这种在有限次中心投影变换后能确定两条直线间关系的变换称为一维投影变换。

n 维投影空间的投影变换可以用代数表示为式(4-10)。

$$\rho y = T_p x \tag{4-10}$$

式(4-10)中:ρ 表示比例因子;x 表示变换前的空间点齐次坐标;y 表示变换后的空间点齐次坐标;T_p 表示满秩的 $(n+1) \times (n+1)$ 矩阵。

以一维投影变换为例,式(4-10)可表示为式(4-11)。

$$\rho \begin{bmatrix} y_1 \\ y_2 \end{bmatrix} = \begin{bmatrix} m_{11} & m_{12} \\ m_{21} & m_{22} \end{bmatrix} \begin{bmatrix} x_1 \\ x_2 \end{bmatrix} \tag{4-11}$$

将式(4-11)转换为多项式,可以得到式(4-12)。

$$\begin{cases} \rho y_1 = m_{11} x_1 + m_{12} x_2 \\ \rho y_2 = m_{21} x_1 + m_{22} x_2 \end{cases} \tag{4-12}$$

将上面两式相除,取 $\bar{y} = y_1/y_2$,$\bar{x} = x_1/x_2$,可以得到变换前后两点的非齐次坐标的关系,如式(4-13)所示。

$$\bar{y} = \frac{m_{11} \bar{x} + m_{12}}{m_{21} \bar{x} + m_{22}} \tag{4-13}$$

由式(4-13)可知,投影变换中用非齐次坐标表示的变换关系是非线性的。一般地,n 维投影变换的矩阵等式中包含了 $n+1$ 个方程。

在 Halcon 中,投影变换的步骤如下:

(1) 通过特征提取图像中特征点的位置,并确定其投影后的位置;

(2) 运用 hom_vector_to_proj_hom_mat2d 算子计算投影变换矩阵;

(3) 运用 projective_trans_image 算子对图像进行投影变换。

在 Halcon 的投影变换中,所需要的两个重要算子就是 hom_vector_to_proj_hom_mat2d 算子和 projective_trans_image 算子,下面分别对这两个算子进行介绍。

(1) hom_vector_to_proj_hom_mat2d(::Px,Py,Pw,Qx,Qy,Qw,Method:HomMat2D)算子的详细参数如下:

Px:原始图像特征点的 x 坐标;

Py:原始图像特征点的 y 坐标;

Pw:原始图像特征点的 w 坐标,一般为1;

Qx:投影变换后图像特征点的 x 坐标;

Qy:投影变换后图像特征点的 y 坐标;

Qw:投影变换后图像特征点的 w 坐标,一般为1;

Method:投影变换的估算方法,默认值为 normalized_dlt,表示归一化方法;

HomMat2D:计算出的齐次投影变换矩阵。

使用该算子需要注意的是,当输入变量的每组数据少于四组时,投影变换矩阵没有唯一解。因此运用该算子时,x、y、w 每组坐标数据至少为四组。

(2) projective_trans_image(Image:TransImage:HomMat2D,Interpolation,AdaptImage-Size,TransformDomain:)算子的详细参数如下:

Image:原始图像;

TransImage：投影变换后的图像；

HomMat2D：齐次投影变换矩阵；

Interpolation：投影变换方法，默认值为 bilinear，表示双线性；

AdaptImageSize：自动调整图像大小选择位，true 为自动调整，false 为不调整，默认值为 false；

TransformDomain：输入图像区域改变选择位，true 为改变输入图像区域，false 为不改变，默认值为 false。

4.1.4　图像的仿射变换

仿射变换是投影变换的特例，是一类重要的线性几何变换。在投影变换中，投影中心平面变为无限远时，投影变换就变成了仿射变换，如图 4-5 所示。

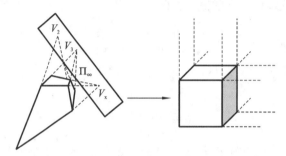

图 4-5　仿射变换与投影变换的关系

仿射变换可以用式(4-14)来表示。

$$\rho \begin{bmatrix} y_1 \\ y_2 \end{bmatrix} = \begin{bmatrix} m_{11} & m_{12} \\ 0 & m_{22} \end{bmatrix} \begin{bmatrix} x_1 \\ x_2 \end{bmatrix} \tag{4-14}$$

将式(4-14)转换为多项式，可以得到式(4-15)。

$$\begin{cases} \rho y_1 = m_{11} x_1 + m_{12} x_2 \\ \rho y_2 = m_{22} x_2 \end{cases} \tag{4-15}$$

将上面两式相除，取 $\bar{y} = y_1/y_2$，$\bar{x} = x_1/x_2$，可以得到变换前后两点的非齐次坐标的关系，如式(4-16)所示。

$$\bar{y} = \frac{m_{11}\bar{x} + m_{12}}{m_{22}} \tag{4-16}$$

根据式(4-16)可知，仿射变换为线性变换。

在 Halcon 中，可以通过仿射变换的相关算子来实现图像的平移、旋转和缩放，具体的步骤如下：

(1) 通过 read_image 算子读入一张图像；

(2) 通过 hom_mat2d_identity 算子创建一个空的仿射变换矩阵；

(3) 通过 hom_mat2d_translate 算子、hom_mat2d_rotate 算子以及 hom_mat2d_scale 算子来分别创建平移、旋转和缩放矩阵；

(4) 通过 affine_trans_image 算子对图像进行相应的仿射变换。

下面分别对平移、旋转和缩放进行举例。

(1) 图像平移。

图像平移所用的关键算子就是 hom_mat2d_translate(：：HomMat2D，Tx，Ty；HomMat2D

Translate)算子,该算子的详细参数如下:

HomMat2D:输入的变换矩阵;

Tx:沿 x 轴平移的像素,默认为 64 个像素;

Ty:沿 y 轴平移的像素,默认为 64 个像素;

HomMat2DTranslate:输出的平移转换矩阵。

具体程序如下:

```
* 读入一张图片
read_image(Image,'D:/lena.jpg')
* 创建一个空的仿真变换矩阵
hom_mat2d_identity(HomMat2DIdentity)
* 创建平移矩阵,向 x 轴方向平移 64 个像素,向 y 轴方向平移 64 个像素
hom_mat2d_translate(HomMat2DIdentity,64,64,HomMat2DTranslate)
* 对图像进行平移变换
affine_trans_image(Image,ImageAffinTrans,HomMat2DTranslate,'constant','false')
* 对平移后的图像进行显示
dev_display(ImageAffinTrans)
```

平移变换结果如图 4-6 所示。

(a) 平移前　　　　　　　　(b) 平移后

图 4-6　平移变换结果

(2) 图像旋转。

图像旋转所用的关键算子就是 hom_mat2d_rotate (:: HomMat2D, Phi, Px, Py: HomMat2DRotate)算子,该算子的详细参数如下:

HomMat2D:输入的变换矩阵;

Phi:旋转角度,默认值为 0.78,转换为角度是 45°;

Px:参考点 x 轴坐标,默认为 0;

Py:参考点 y 轴坐标,默认为 0;

HomMat2DRotate:输出的旋转转换矩阵。

具体程序如下:

* 读入一张图片

```
read_image(Image,'D:/lena.jpg')
```
* 创建一个空的仿真变换矩阵
```
hom_mat2d_identity(HomMat2DIdentity)
```
* 创建旋转矩阵,以(0,0)为参考点,旋转弧度为 0.78
```
hom_mat2d_rotate(HomMat2DIdentity,0.78,0,0,HomMat2DRotate)
```
* 对图像进行旋转变换
```
affine_trans_image(Image,ImageAffinTrans,HomMat2DRotate,'constant',
'false')
```
* 对旋转后的图像进行显示
```
dev_display(ImageAffinTrans)
```
旋转变换结果如图 4-7 所示。

(a) 旋转前　　　　　　　　　　　　　　　(b) 旋转后

图 4-7　旋转变换结果

(3) 图像缩放。

图像缩放所用的关键算子就是 hom_mat2d_scale(∷HomMat2D,Sx,Sy,Px,Py: HomMat2DScale)算子,该算子的详细参数如下:

HomMat2D:输入的变换矩阵;

Sx:沿 x 轴的比例因子,默认值为 2;

Sy:沿 y 轴的比例因子,默认值为 2;

Px:参考点 x 轴坐标,默认为 0;

Py:参考点 y 轴坐标,默认为 0;

HomMat2DScale:输出的缩放转换矩阵。

具体程序如下:

* 读入一张图片
```
read_image(Image,'D:/lena.jpg')
```
* 创建一个空的仿真变换矩阵
```
hom_mat2d_identity(HomMat2DIdentity)
```
* 创建缩放矩阵,以(0,0)为参考点,x、y 方向放大 2 倍
```
hom_mat2d_scale(HomMat2DIdentity,2,2,0,0,HomMat2DScale)
```
* 对图像进行缩放变换

affine_trans_image (Image, ImageAffinTrans, HomMat2DScale, 'constant ', 'false')

* 对缩放后的图像进行显示

dev_display(ImageAffinTrans)

缩放变换结果如图 4-8 所示。

(a) 缩放前　　　　　　　　　　　　　　　　(b) 缩放后

图 4-8　缩放变换结果

◀ 4.2 感兴趣区域 ROI ▶

4.2.1　ROI 的意义

ROI 的英文全称为 region of interest,表示感兴趣区域。

创建 ROI 的目的主要包含以下两个方面原因。

(1) 降低图像处理的计算量,提高效率。ROI 是一幅图像中开发人员所感兴趣的区域,这个区域一般为待检测的物体或该物体周围的一片区域。正是因为将图像缩减到 ROI 区域,需要处理的像素数减少了,对于 ROI 之外的像素可以不处理,因此可以加快图像处理的速度。例如原图为 1920 像素×1280 像素,那么对整幅图像的计算量是非常大的,而如果只关注图像中的某一部分,那么就可以减少计算量,提高效率。

(2) 作为形状模板。正是由于 ROI 可以圈定所感兴趣的区域,因此在模板匹配中,其可以作为匹配搜索中的参考图像。

4.2.2　创建 ROI

在采集到原始图像后,即可选择关注的区域作为 ROI。ROI 可以是任何形状,常规的有矩形、圆形、椭圆以及自定义图形。当选择完特定的区域后,还需要将其从原图中裁剪出来,此时 ROI 才创建完成,其具体操作步骤如下。

(1) 采集原始图像。

采集原始图像的方法有两种,包括实时采集和非实时采集。此例中以非实时采集作为演示。

具体程序如下：

* **读入一张图片**

```
read_image(Image,'D:/lena.jpg')
```

执行完 read_image 算子，图像如图 4-9 所示。

图 4-9　读入图像

（2）选择感兴趣区域 ROI。

在 Halcon 中，选择感兴趣区域 ROI 可以通过图形窗口菜单栏中的"创建新的 ROI"指令来完成对 ROI 的选择，如图 4-10 所示。

图 4-10　"创建新的 ROI"指令

单击"创建新的 ROI"指令后，会弹出"ROI"窗口。在该窗口中，可以选择形状来圈定 ROI，这里以矩形举例，如图 4-11 所示。

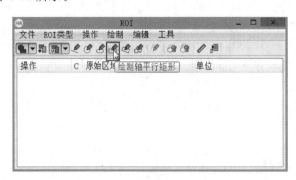

图 4-11　"ROI"窗口

选择矩形绘制后，在图形窗口中拖动鼠标左键，圈出感兴趣区域，出现红色的选中框，如图 4-12 所示。

确认无误后单击鼠标右键，即可选择一个感兴趣区域 ROI，如图 4-13 所示。

具体程序如下：

图 4-12　圈出感兴趣区域 ROI

图 4-13　选择感兴趣区域

* 用矩形选择一个感兴趣区域

gen_rectangle1(ROI_0,67.3559,103.467,200.26,185.655)

（3）从原图中分割感兴趣区域 ROI 并显示。

将感兴趣区域选择完成后，还需要利用 reduce_domain 算子将其截取出来。

具体程序如下：

* 截取感兴趣区域

reduce_domain(Image,ROI_0,ImageReduced)

* 显示截取的感兴趣区域

dev_display(ImageReduced)

执行完上述程序后，图像如图 4-14 所示。

创建 ROI 的完整程序如下：

图 4-14　创建的 ROI 区域

```
* 读入一张图片
read_image(Image,'D:/lena.jpg')
* 用矩形选择一个感兴趣区域
gen_rectangle1(ROI_0,67.3559,103.467,200.26,185.655)
* 截取感兴趣区域
reduce_domain(Image,ROI_0,ImageReduced)
* 显示截取的感兴趣区域
dev_display(ImageReduced)
```

◀ 4.3　图 像 增 强 ▶

图像增强主要是为了突出图像中的细节,为后续的特征识别或检测做准备。本节主要介绍直方图均衡和增强对比度两种方式。

4.3.1　直方图均衡

直方图均衡主要是针对图像的灰度图,因此又称为灰度均衡化。该方法是先建立一个 $0\sim$ 255 灰度值的直方图,统计每个灰度值在直方图中出现的次数,将灰度图中对应点的灰度值记录在直方图中。随后,对该直方图进行均衡操作,使像素的灰度值分布得更加均匀,从而增强图像的亮度。

直方图均衡的转换公式如式(4-17)所示。

$$D_B = D_{max} \int_0^{D_A} p_{D_A}(\mu)\, d\mu \tag{4-17}$$

式(4-17)中:D_B 表示转换后的灰度值;D_A 表示转换前的灰度值;D_{max} 表示最大灰度值 255;$p_{D_A}(\mu)$ 为转换前图像的概率密度函数。

对于离散灰度级,相应的转换公式如式(4-18)所示。

$$D_B = \frac{D_{max}}{A_0} \sum_{i=0}^{D_A} H_i \tag{4-18}$$

式(4-18)中：H_i 表示第 i 级灰度的像素个数；A_0 表示图像的面积，即像素总数；D_B 表示转换后的灰度值；D_A 表示转换前的灰度值；D_{max} 表示最大灰度值 255。

在 Halcon 中可以使用 equ_histo_image 算子进行直方图均衡。

equ_histo_image(Image：ImageEquHisto：：)算子的详细参数如下：

Image：图像输入；

ImageEquHisto：直方图均衡处理后输出。

下面以血管图像进行举例。

具体程序如下：

```
* 读入图片
read_image(Image,'D:/Vessel.jpg')
* 对图片进行灰度化处理
rgb1_to_gray(Image,GrayImage)
* 对灰度图片进行直方图均衡操作
equ_histo_image(GrayImage,ImageEquHisto)
```

执行完上述程序后，经过直方图均衡处理的前后对比图像如图 4-15 所示。

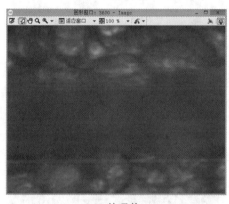
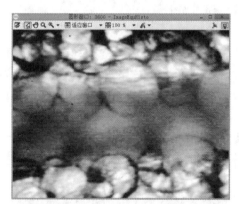

(a) 处理前   (b) 处理后

图 4-15 经直方图均衡处理的前后对比图像

经过直方图均衡处理后，两幅图片中的灰度直方图分布结果对比如图 4-16 所示。

由图 4-15 和图 4-16 可知，经过直方图均衡处理后，图像中的像素灰度值分布更加均匀，使得图像的亮度得到显著增强。

4.3.2 增强对比度

在 Halcon 中，除了使用直方图均衡外，还可以通过增强对比度的方式来对图像的边缘和细节进行增强，使其更加的明显。常用的算子包括 emphasize 算子和 scale_image_max 算子。

（1）emphasize 算子。

emphasize(Image：ImageEmphasize：MaskWidth，MaskHeight，Factor：)算子的详细参数如下：

Image：图像输入；

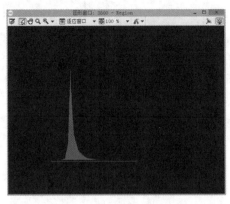 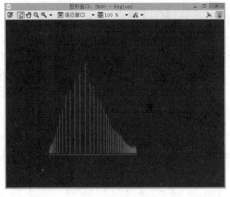

(a) 处理前 　　　　　　　　　　　　　　(b) 处理后

图 4-16　经直方图均衡处理后灰度直方图分布对比图

ImageEmphasize:增强图像输出;

MaskWidth:低通掩膜宽度,默认值为 7;

MaskHeight:低通掩膜高度,默认值为 7;

Factor:对比增强强度,默认值为 1.0。

下面以血管图像进行举例。

具体程序如下:

```
* 读入图片
read_image(Image,'D:/Vessel.jpg')
* 进行图像增强,掩膜高度和宽度设为 10,对比增强强度为 1.5
emphasize(Image,ImageEmphasize,10,10,1.5)
* 显示 emphasize 算子增强图像
dev_display(ImageEmphasize)
```

(2) 执行完上述程序后,经 emphasize 算子图像增强处理的前后对比图像如图 4-17 所示。

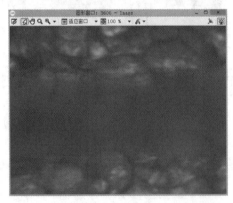 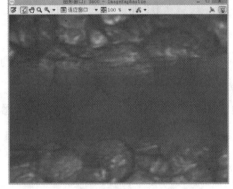

(a) 处理前 　　　　　　　　　　　　　　(b) 处理后

图 4-17　经 emphasize 算子图像增强处理前后对比图像

由图 4-17 可以看出,经过图像增强后,血管的边缘和细节更加的明显。

(3) scale_image_max 算子。

scale_image_max(Image:ImageScaleMax::)算子的详细参数如下:

Image:图像输入;

ImageScaleMax：对比增强的图像。

下面以血管图像进行举例。

具体程序如下：

```
* 读入图片
read_image(Image,'D:/Vessel.jpg')
* 进行图像增强
scale_image_max(Image,ImageScaleMax)
* 显示 scale_image_max 算子增强图像
dev_display(ImageScaleMax)
```

执行完上述程序后，经 scale_image_max 算子图像增强处理的前后对比图像如图 4-18 所示。

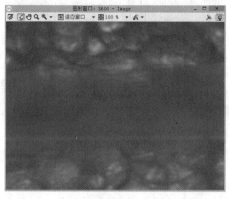 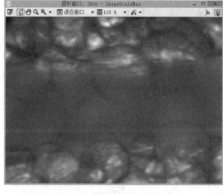

(a) 处理前　　　　　　　　　　　　　　　(b) 处理后

图 4-18　经 scale_image_max 算子图像增强处理前后对比图像

通过对比图 4-17 和图 4-18 可知，scale_image_max 算子相较于 emphasize 算子，其图像增强效果更加的明显。

4.3.3　处理失焦图像

在拍摄照片时，有一些对焦不准的图像可能存在模糊不清的问题，这时就需要考虑锐化操作。在 Halcon 中有一种常见的冲击滤波算子 shock_filter，可以对图像的边缘形成一些冲击，从而达到对边缘增强的目的。

shock_filter（Image：SharpenedImage：Theta，Iterations，Mode，Sigma：）算子的详细参数如下：

Image：原始图像输入；

SharpenedImage：经锐化处理后图像输出；

Theta：时间步长，默认值为 0.5；

Iterations：迭代次数，默认值为 10；

Mode：锐化模式，包括 canny、laplace，默认值为 canny；

Sigma：边缘检测器平滑度，默认值为 1。

下面以一幅失焦图像来进行举例。

具体程序如下：

* 读入一幅失焦图像

```
read_image(Image,'D:/datacode.jpg')
```

* 以 canny 模式对图像进行锐化处理,时间步长为 0.5,迭代次数为 20,边缘检测器平滑度为 2.5

```
shock_filter(Image,SharpenedImage,0.5,20,'canny',2.5)
```

* 显示锐化之后的图像

```
dev_display(SharpenedImage)
```

执行完上述程序后,经 shock_filter 算子图像锐化处理的前后对比图像如图 4-19 所示。

(a) 处理前   (b) 处理后

图 4-19   shock_filter 算子图像锐化处理前后对比图

由图 4-19 可以看出,模糊的边缘变得清晰,但边缘仍有毛刺等不平滑现象,可以继续调整锐化参数,直至效果比较理想为止。

◀ 4.4   图像平滑与去噪 ▶

在图像拍摄的过程中可能会存在一些杂点和噪声,对于比较均匀的噪声可以考虑通过软件算法进行消除,所用到的方法主要有均值滤波、中值滤波和高斯滤波。

4.4.1   均值滤波

均值滤波的原理是将像素灰度值与其邻域内的像素灰度值相加取平均值。该滤波器区域如同一个"窗口",这个"窗口"的大小可根据需求来确定,一般都是取奇数像素尺寸的正方形,这样能保证中心像素处于滤波器的正中间。该"窗口"会将"窗口"内的像素灰度值相加并取平均值,然后将平均值赋给"窗口"内的每一个像素。这个窗口会从图像的左上角开始滑动,然后遍历完整个图像,从而对整个图像实现均值滤波。

在 Halcon 中,可以通过 mean_image 算子来进行均值滤波。

mean_image(Image:ImageMean:MaskWidth,MaskHeight:)算子的详细参数如下:

Image:原始图像输入;

ImageMean:经均值滤波后的图像输出;

MaskWidth:滤波窗口宽度,默认值为 9;

MaskHeight：滤波窗口高度，默认值为 9。

下面对一幅含有噪声点的工件图像进行处理，具体程序如下：

* 读入一幅噪声图像

```
read_image(Image,'D:/Noise.jpg')
```

* 对噪声图像进行均值滤波，滤波窗口大小为 9×9

```
mean_image(Image,ImageMean,9,9)
```

* 显示均值滤波后的图像

```
dev_display(ImageMean)
```

执行完上述程序后，经 mean_image 算子均值滤波处理的前后图像对比如图 4-20 所示。

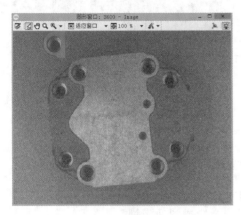
(a) 处理前

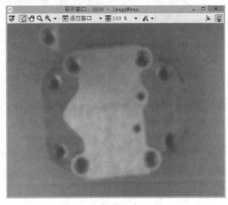
(b) 处理后

图 4-20 经 mean_image 算子均值滤波处理的前后图像对比图

由图 4-20 可知，该方法能有效地消除一些高斯噪声，但也会导致图像变得模糊。因此，对一些图像边界或者是需要准确分割的区域，需要考虑边界处理算法。

4.4.2 中值滤波

中值滤波的原理与均值滤波类似，它是以像素为中心，取一个指定形状的邻域作为滤波器，该形状可以是正方形，也可以是圆形。指定形状后，该算法会对区域内的像素灰度值进行排序，以排序结果的中间值作为灰度计算结果并将其赋给区域内的像素。

在 Halcon 中，可以通过 median_image 算子来进行中值滤波。

median_image(Image:ImageMedian:MaskType,Radius,Margin:)算子的详细参数如下：

Image：原始图像输入；

ImageMedian：经中值滤波后的图像输出；

MaskType：指定滤波区域形状，包含 circle 圆形和 square 正方形，默认为 circle 圆形；

Radius：滤波区域半径，默认值为 1；

Margin：对图像的边界处理方式，包含 mirrored 镜像、cyclic 循环和 continued 继续，镜像是对图像的边界进行镜像，循环是对图像的边界进行循环延伸，继续是对图像的边界进行延伸，默认为 mirrored 镜像。

下面对一幅含有噪声点的工件图像进行处理，具体程序如下：

* 读入一幅噪声图像

```
read_image(Image,'D:/Noise.jpg')
```

* 对图像进行中值滤波,滤波区域形状为圆形,半径为 3,对边界用循环的方式进行处理

```
median_image(Image,ImageMedian,'circle',3,'cyclic')
```

* 显示中值滤波的图像

```
dev_display(ImageMedian)
```

执行完上述程序后,经 median_image 算子中值滤波处理的前后图像对比如图 4-21 所示。

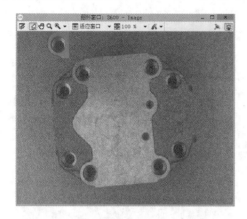 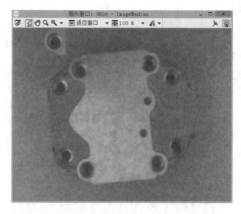

(a) 处理前   (b) 处理后

图 4-21　经 median_image 算子中值滤波处理的前后图像对比图

由图 4-21 可知,该方法可以对一些孤立的噪声点进行去除,能保存大部分边缘信息。但是需要注意的是,滤波区域的选择尺寸不能太大,否则会造成图像模糊。

4.4.3　高斯滤波

高斯滤波与前面两种方法不同,其不是通过简单的求均值或者排序对图像进行滤波,而是调用一个二维离散的高斯函数来进行滤波,高斯滤波适用于去除高斯噪声。

二维高斯函数如式(4-19)所示,设其均值为 0,方差为 σ^2。

$$\varphi(x,y) = \frac{1}{2\pi\sigma^2}\exp\left[-\frac{(x^2+y^2)}{2\sigma^2}\right] \tag{4-19}$$

将式(4-19)进行离散化,可以表示为式(4-20)。

$$\boldsymbol{M}(i,j) = \frac{1}{2\pi\sigma^2}\exp\left\{-\frac{[(i-k-1)^2+(j-k-1)^2]}{2\sigma^2}\right\} \tag{4-20}$$

式(4-20)中:$\boldsymbol{M}(i,j)$ 表示 $(2k+1)\times(2k+1)$ 的矩阵;σ^2 表示方差。

根据式(4-20)的二维离散高斯函数表达式可知,高斯滤波就是通过加大中心点的权重,使离中心点越远的地方权重越小,从而确保中心点看起来更接近与它距离更近的点。

在 Halcon 中,可以通过 gauss_filter 算子来进行高斯滤波。

gauss_filter(Image:ImageGauss:Size:)算子的详细参数如下:

Image:原始图像输入;

ImageGauss:经高斯滤波后的图像输出;

Size:过滤器的大小,默认值为 5。

下面对一幅含有噪声点的工件图像进行处理,具体程序如下:

* 读入一幅噪声图像

```
read_image(Image,'D:/Noise.jpg')
```

* 图像进行高斯滤波,过滤器大小设为 5

```
gauss_filter(Image,ImageGauss,5)
```

* 显示经过高斯滤波处理后的图像

```
dev_display(ImageGauss)
```

执行完上述程序后,经 gauss_filter 算子高斯滤波处理的前后图像对比如图 4-22 所示。

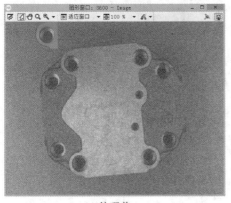 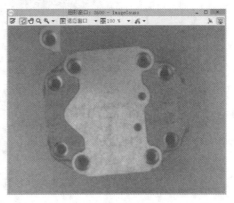

(a) 处理前　　　　　　　　　　　　　　　　(b) 处理后

图 4-22　gauss_filter 算子高斯滤波处理的前后图像对比图

由图 4-22 可以看出,高斯滤波可以有效地对高斯噪声进行滤波,保留更多的边缘和细节,图像更为清晰,平滑的效果也更柔和。

◀ 4.5　实例:图像的平滑处理与增强 ▶

本实例是先对噪声图像进行平滑处理,再对处理后的图像进行增强,使图像的边缘与细节更加清晰,带噪声的原始图像如图 4-23 所示。

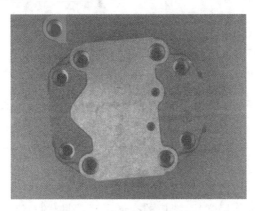

图 4-23　带噪声的原始图像

1. 读入原始图像并进行高斯滤波

具体程序如下:

* 读入一幅噪声图像

```
read_image(Image,'D:/Noise.jpg')
```

* 图像进行高斯滤波,过滤器大小设为 5

`gauss_filter(Image,ImageGauss,5)`

执行完上述程序后,图像如图 4-24 所示。

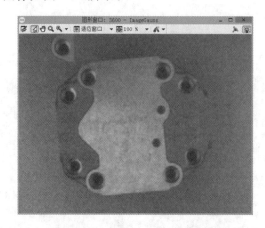

图 4-24　经高斯滤波后的图像

2. 对图像进行增强并显示

具体程序如下:

* 对高斯滤波后的图像进行增强

`scale_image_max(ImageGauss,ImageScaleMax)`

* 显示增强后的图像

`dev_display(ImageScaleMax)`

执行完上述程序后,图像如图 4-25 所示。

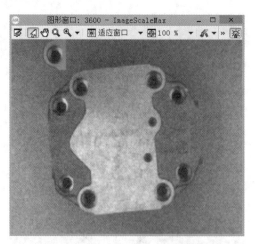

图 4-25　经增强后的图像

由图 4-25 可知,经过图像增强后,图像的亮度更高,图像的边缘与细节更加清晰。

第 5 章
图像分割

　　图像分割是将感兴趣的局部区域从背景中分离出来的方法,其分割的标准可以是像素的灰度、边界、几何形状、颜色等。图像分割的方法,根据不同的检测图像特征可以使用不同的方法,分割的效果会直接影响视觉分析和识别准确率。本章的重点内容在于图像的阈值处理、区域生长法以及分水岭算法。阈值处理包括全局阈值、基于直方图的自动阈值分割方法、自动布局阈值分割方法、局部阈值分割方法和其他阈值分割方法。区域生长法主要介绍 regiongrowing 算子和 regiongrowing_mean 算子。

◀ 5.1 阈值处理 ▶

在场景中选择物体或特征是图像测试和识别的基础,而阈值处理是常用到的区域选择方法,适用于目标和背景的灰度有明显区别的情况。

5.1.1 全局阈值

阈值是一个指定的像素灰度值的范围,其范围在 0~255 之间。阈值处理就是将图像中的像素灰度值与该阈值进行比较,落在该阈值范围内的像素称为前景,其余的像素称为背景。一般会用黑色和白色来分别表示前景和背景,这样图片就变为了二值图像。

当检测对象的图像灰度与背景差异较大时,用阈值处理可以很方便地将前景与背景分离开。一般来说,设置阈值的方式是先检测要提取区域的灰度值和其相邻区域的灰度值,再将阈值设置在两个灰度值之间的范围内,则可以提取所需要的区域。

在 Halcon 中,可以使用 threshold 算子来对图片进行全局阈值处理。threshold(Image:Region:MinGray,MaxGray:)算子详细参数如下:

Image:输入的原始图像;

Region:输出的分割区域;

MinGray:灰度值的最小值,默认值 128;

MaxGray:灰度值的最大值,默认值 255。

下面对一幅蝴蝶的图片进行处理,具体程序如下:

```
* 关闭当前显示窗口,清空屏幕
dev_clear_window()
* 读入蝴蝶图像
read_image(Image,'F:/butterfly.jpg')
* 获得图片的大小
get_image_size(Image,Width,Height)
* 打开一个新的窗口
dev_open_window(0,0,Width,Height,'black',WindowHandle)
* 将图像进行灰度化处理
rgb1_to_gray(Image,GrayImage)
* 对图像进行阈值处理,灰度值最小值为 0,灰度值最大值为 128
threshold(GrayImage,Regions,0,128)
* 显示经阈值处理后的图像
dev_display(Regions)
```

执行完上述程序后,经 threshold 算子阈值处理的前后图像对比如图 5-1 所示。

由图 5-1 可知,经 threshold 算子阈值处理后,能将图 5-1(a)中黑色部分完整地提取出来。

(a) 处理前   (b) 处理后

图 5-1　经 threshold 算子阈值处理的前后图像对比

5.1.2　基于直方图的自动阈值分割方法

由于人对图像灰度的感受并不精准,手动设定阈值并不是一个严谨的方法,特别是在连续采集图像的时候,由于环境光照、拍摄角度等因素都会影响图像的灰度,而如果是固定一个阈值,那么处理后的图像肯定是不准确的,因此需要让阈值随着每幅图像的变化而变化,使阈值能够自适应调节。

自适应阈值是一种基于灰度直方图的阈值,该方法通过统计整幅图像的灰度值绘制出该幅图像的灰度直方图,再以绘制的直方图的谷底为分割点,对灰度直方图的波峰进行分割。因此,灰度图有几个波峰,整幅图片就会划分成几个部分。

在 Halcon 中,可以使用 auto_threshold 算子进行自适应阈值处理,auto_threshold(Image：Regions：Sigma：)算子的详细参数如下:

Image:原始图像输入;

Regions:自动划分的区域输出;

Sigma:高斯平滑系数,默认为 2,该数值越高所划分的区域越少。

下面对一幅字母图像进行处理,具体程序如下:

```
* 读入字母图像
read_image(Image,'F:/char.jpg')
* 将图像转换为灰度图像
rgb1_to_gray(Image,GrayImage)
* 进行自适应阈值处理,高斯平滑系数为 6
auto_threshold(GrayImage,Regions,6)
* 显示经自适应阈值处理后的图像
dev_display(Regions)
```

执行完上述程序后,经 auto_threshold 算子阈值处理的前后图像对比如图 5-2 所示。

由图 5-2 可知,经 auto_threshold 算子阈值处理后,将原始图像划分为两个部分,红色部分就是原始图像中较暗的部分,绿色部分就是原始图像中较亮的部分。

5.1.3　自动布局阈值分割方法

在 Halcon 中,除了 auto_threshold 算子可以实现自适应阈值分割外,binary_threshold 算子也能进行自动的阈值分割。其与 auto_threshold 算子不同之处在于该算子是根据灰度直方

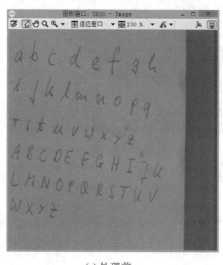 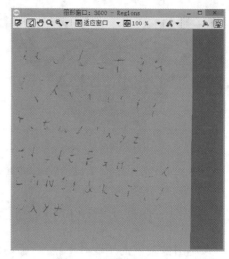

(a) 处理前　　　　　　　　　　　　　(b) 处理后

图 5-2　经 auto_threshold 算子阈值处理的前后图像对比

图中的像素分布提供可选的分割方法,可选的分割方法包括最大类间方差法和平滑直方图法,其中平滑直方图法与 auto_threshold 算子中所使用的基本一致,不再进行赘述,下面重点介绍最大类间方差法。

在对图像进行阈值分割时,选定的分割阈值应使前景区域的平均灰度、背景区域的平均灰度与整幅图像的平均灰度之间差别最大,这种差异用区域的方差来表示。由此,Otsu 在 1978 年提出了最大类间方差法,其是在判决分析最小二乘法原理的基础上推导得出,计算过程简单,是一种稳定的算法。

最大类间方差法相应的原理如下:

假设图像中灰度为 i 的像素数为 n_i,灰度范围为$[0, L-1]$,则总的像素数如式(5-1)所示。

$$N = \sum_{i=0}^{L-1} n_i \tag{5-1}$$

各灰度值出现概率如式(5-2)所示。

$$\begin{cases} p_i = \dfrac{n_i}{N} \\ \sum_{i=0}^{L-1} p_i = 1 \end{cases} \tag{5-2}$$

将图中的像素用阈值 T 分为两类 C_0 和 C_1,C_0 由灰度值在$[0, T-1]$的像素组成,C_1 由灰度值在$[T, L-1]$的像素组成,则区域 C_0 和 C_1 的概率 P_0 和 P_1 如式(5-3)所示。

$$\begin{cases} P_0 = \sum_{i=0}^{T-1} p_i \\ P_1 = \sum_{i=T}^{L-1} p_i = 1 - P_0 \end{cases} \tag{5-3}$$

区域 C_0 和 C_1 的平均灰度 μ_0 和 μ_1 如式(5-4)所示。

$$\begin{cases} \mu_0 = \dfrac{1}{P_0}\sum_{i=0}^{T-1} i p_i = \dfrac{\mu(T)}{p_0} \\[2mm] \mu_1 = \dfrac{1}{P_1}\sum_{i=T}^{L-1} i p_i = \dfrac{\mu - \mu(T)}{1 - p_0} \end{cases} \tag{5-4}$$

整幅图像的平均灰度 μ 如式(5-5)所示。

$$\mu = \sum_{i=0}^{L-1} i p_i = P_0\mu_0 + P_1\mu_1 \tag{5-5}$$

两个区域的总方差为：

$$\sigma_B^2 = P_0(\mu_0 - \mu)^2 + P_1(\mu_1 - \mu)^2 = P_0 P_1(\mu_0 - \mu_1)^2 \tag{5-6}$$

根据式(5-6)可知，让 T 在$[0,L-1]$范围内依次取值，使 σ_B^2 最大的 T 值便是最佳区域分割阈值。

最大类间方差法不需要人为设定其他参数，是一种自动选择阈值的方法，并且能得到较好的结果，其不仅适用于两个区域的阈值选择，同样适用于多区域阈值的选择。

在 Halcon 中，可以通过调用 binary_threshold 算子，将其方法设为最大类间方差法即可使用最大类间方差法。

binary_threshold（Image：Region：Method，LightDark：UsedThreshold）算子的详细参数如下：

Image：原始图像输入；

Region：分割后的图像输出；

Method：所使用的分割方法，可以选择最大类间方差法或者平滑直方图法，默认为最大类间方差法；

LightDark：提取较暗的区域或者较亮的区域，默认是提取较暗的区域；

UsedThreshold：返回所使用的阈值。

下面对一幅字母图像进行处理，具体程序如下：

* 读入字母图像

read_image(Image,'F:/char.jpg')

* 将图像转换为灰度图

rgb1_to_gray(Image,GrayImage)

* 进行自适应阈值处理，选择的方法为最大类间方差法

binary_threshold(GrayImage,Region,'max_separability','dark',UsedThreshold)

dev_display(Region)

执行完上述程序后，经 binary_threshold 算子阈值处理的前后图像对比如图 5-3 所示。

由图 5-3 可知，经 binary_threshold 算子阈值处理后，可以将原始图像中颜色较深的部分提取出来。在 binary_threshold 算子的使用方法中，还可以选择用平滑直方图的方法进行提取，运用该方法提取特征的效果与 auto_threshold 算子基本一致。

5.1.4　局部阈值分割方法

在进行图像处理时，有时会遇见一些无法用单一灰度进行分割的情况，因此这时就需要进行局部阈值分割。

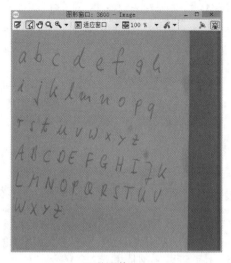

(a) 处理前　　　　　　　　　　　　　(b) 处理后

图 5-3　经 binary_threshold 算子阈值处理的前后图像对比

在 Halcon 中，可以使用 dyn_threshold 算子进行局部阈值分割，dyn_threshold (OrigImage,ThresholdImage:RegionDynThresh:Offset,LightDark:)算子的详细参数如下：

OrigImage：输入的原始图像；

ThresholdImage：包含局部阈值的图像；

RegionDynThresh：分割区域；

Offset：偏移量，用于阈值调整，默认值为 5；

LightDark：提取亮的区域、暗的区域或类似区域，默认值为亮的区域。

进行局部阈值分割一般有四个步骤，下面以处理字母图像为例。

（1）读入原始图像并进行灰度处理。

具体程序如下：

```
* 读入原始图像
read_image(Image,'F:/char.jpg')
* 对原始图像进行灰度处理
rgb1_to_gray(Image,GrayImage)
```

执行完上述程序后，图像如图 5-4 所示。

（2）使用平滑滤波器对原始图像进行平滑处理。

平滑滤波器包括均值、中值以及高斯滤波。这里选用均值滤波，具体程序如下：

```
* 对灰度图像进行均值滤波
mean_image(GrayImage,ImageMean,9,9)
```

执行完上述程序后，图像如图 5-5 所示。

（3）使用局部阈值分割，提取字符区域。

具体程序如下：

```
* 使用局部阈值分割，提取字符区域
dyn_threshold(GrayImage,ImageMean,RegionDynThresh,9,'dark')
```

执行完上述程序后，图像如图 5-6 所示。

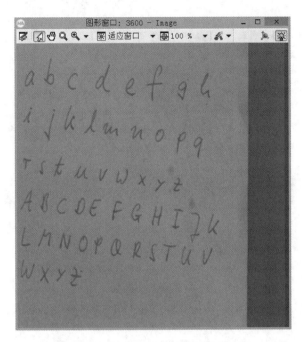

图 5-4 经灰度处理后的图像

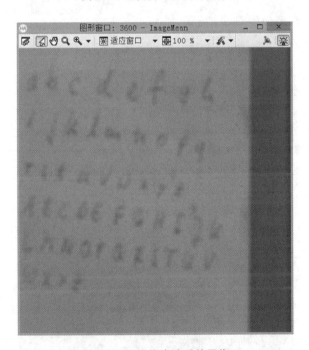

图 5-5 经均值滤波后的图像

（4）去除一些无关点。

如图 5-6 所示，在经过局部阈值分割后，会产生一些无关点，此时需要用形态学的知识对其进行处理。

具体程序如下：

```
*  使用开运算对无关点进行处理
opening_circle(RegionDynThresh,RegionOpening,1)
```

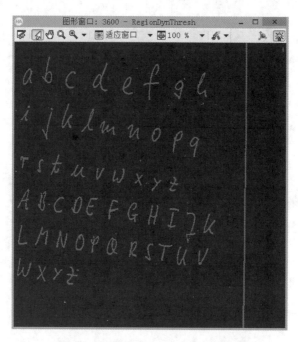

图 5-6　经局部阈值分割后的图像

执行完上述程序后,图像如图 5-7 所示。

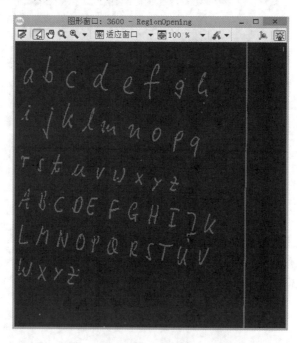

图 5-7　经形态学操作处理后的图像

5.1.5　其他阈值分割方法

除了上述介绍的阈值分割方法外,在 Halcom 中还有一种算子是专门用于提取字符的,该算子为 char_threshold 算子,其适用于在明亮的背景上提取黑暗的字符。该算子是先计算一个灰度曲线,然后对灰度曲线进行平滑处理,将前景和背景进行区分。

char_threshold(Image,HistoRegion:Characters:Sigma,Percent:Threshold)算子的详细参数如下：

Image：原始图像输入；

HistoRegion：计算的直方图的区域；

Characters：表示字符的暗黑区域；

Sigma：高斯平滑值，默认值为 2；

Percent：灰度值差的百分比，默认值为 95；

Threshold：计算的阈值输出。

下面对一幅字母图像进行处理，具体程序如下：

* 读取一幅字母图像

```
read_image(Image,'F:/char.jpg')
```

* 将图像进行灰度处理

```
rgb1_to_gray(Image,GrayImage)
```

* 对灰度图进行字符阈值分割，高斯平滑值设为 8，灰度值差的百分比设为 95%

```
char_threshold(GrayImage,GrayImage,Characters,8,95,Threshold)
```

* 显示经过处理后的图像

```
dev_display(Characters)
```

执行完上述程序后，经 char_threshold 算子阈值处理的前后图像对比如图 5-8 所示。

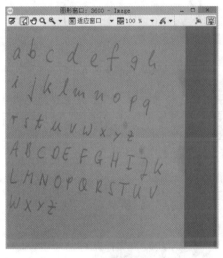

(a) 处理前

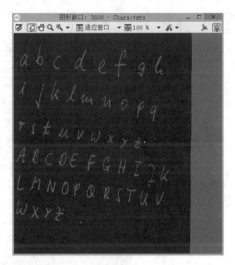

(b) 处理后

图 5-8　经 char_threshold 算子阈值处理的前后图像对比

由图 5-8 可知，相较于其他阈值分割的方法，char_threshold 算子对字符的处理效果最好，处理后的图像更加清晰，图中的无关点也很少。

◀ 5.2　区域生长法 ▶

在图像处理中，如果想要获得具有相似灰度的相连区域，可以使用区域生长法来寻找相邻的符合条件的像素并将这些像素连接起来，形成一个区域。

区域生长法的基本思想是,在图像中选定一个像素作为"种子"像素,然后从"种子"的邻域像素开始搜索,将灰度或颜色相近的像素和"种子"连接起来,最终将代表同一物体的像素全部找出并构成"种子"区域,这样就能将目标物体分割出来。

5.2.1 regiongrowing 算子

在 Halcon 中,可以使用 regiongrowing 算子来实现区域生长的功能。regiongrowing(Image:Regions:Row,Column,Tolerance,MinSize:)算子的详细参数如下:

Image:原始图像输入;

Regions:分割后的区域输出;

Row:测试像素之间的垂直距离,默认值为 3;

Column:测试像素之间的水平距离,默认值为 3;

Tolerance:灰度值差小于或等于公差的点累加到同一对象中,默认值为 6;

MinSize:输出区域的最小值,默认为 100。

下面对一张地形图图像进行处理,具体步骤如下。

(1) 读取一张图像。

具体程序如下:

```
* 读取一张地形图图像
read_image(Image,'F:/region.jpg')
```

执行完上述程序后,图像如图 5-9 所示。

图 5-9 读取的地形图图像

(2) 对图像进行预处理,消除噪声。

消除噪声的方法有三种,包括中值滤波、均值滤波和高斯滤波,这里使用高斯滤波。

具体程序如下:

```
* 对图像进行预处理,这里使用高斯滤波
```

```
gauss_filter(Image,ImageGauss,5)
```
执行完上述程序后,图像如图 5-10 所示。

图 5-10　经高斯滤波后的图像

(3) 使用 regiongrowing 算子对图像进行区域分割。

具体步骤如下:

```
* 使用区域生长算子对图像进行处理
regiongrowing(ImageGauss,Regions,1,1,3,100)
```
执行完上述程序后,图像如图 5-11 所示。

(4) 对图像进行修补并显示。

由图 5-11 可知,图像中有很多黑色的小的空白区域,因此需要对图像做进一步的修补,这里使用闭运算,对图像进行处理。处理完后,显示处理后的图像。

具体程序如下:

```
* 使用形态学中的闭运算对图像进行处理
closing_circle(Regions,RegionClosing,3.5)
* 显示经过处理的图像
dev_display(RegionClosing)
```
执行完上述程序后,图像如图 5-12 所示。

由图 5-12 可知,经过闭运算后,图中的一些小的空白区域已经被修补。

5.2.2　regiongrowing_mean 算子

在 Halcon 中也可以使用 regiongrowing_mean 算子来实现区域生长,其和 regiongrowing 算子的区别在于该算子使用的是区域的平均灰度值。该算子会从给定的起始点开始执行,在算子运行的过程中,对于任意一个点都会计算当前区域的平均灰度值。如果区域边界的灰度值与当前平均值的差值小于公差,则将其添加到区域中。

图 5-11　经 regiongrowing 算子处理后的图像

图 5-12　经闭运算处理后的图像

regiongrowing_mean（Image：Regions：StartRows，StartColumns，Tolerance，MinSize：）算子的详细参数如下：

Image：原始图像输入；

Regions：所分割的区域输出；

StartRows：起始点的行坐标；

StartColumns：起始点的列坐标；

Tolerance：均值的最大偏差，默认值为 5；

MinSize：输出区域的最小值。

下面对一张地形图图像进行处理，具体步骤如下。

（1）运用 regiongrowing 算子寻找颜色相近的区域。

由于 regiongrowing _ mean 算子需要输入起始点的行列坐标，因此需要先运用 regiongrowing 算子对各个区域进行分割，为后续计算各个区域的行列坐标做准备。

具体程序如下：

* 读取一张地形图图像

```
read_image(Image,'F:/region.jpg')
```

* 使用区域生长算子对图像进行处理，采用高斯滤波

```
gauss_filter(Image,ImageGauss,5)
```

* 使用区域生长算子对图像进行处理，寻找颜色相近的区域

```
regiongrowing(ImageGauss,Regions,1,1,3,100)
```

* 使用形态学中的闭运算对图像进行处理

```
closing_circle(Regions,RegionClosing,3.5)
```

执行完上述程序后，图像如图 5-13 所示。

图 5-13 经 regiongrowing 算子分割的图像

（2）计算分割后各个独立区域的行列坐标。

经过 regiongrowing 算子分割图像后，图像已经划分为各个区域。下面需要将各个区域分别提取出来，对每个区域进行行列坐标的计算。

具体程序如下：

* 对不连续的区域进行划分

```
connection(RegionClosing,ConnectedRegions)
```

* 分别计算各个独立区域的行列坐标

```
area_center(ConnectedRegions,Area,Row,Column)
```

（3）运用 regiongrowing_mean 算子进行区域生长。

这里 regiongrowing_mean 算子中输入的行列坐标为上述所计算的行列坐标。

具体程序如下：

* 运用 regiongrowing_mean 进行区域生长

regiongrowing_mean(ImageGauss,Regions1,Row,Column,25,100)

执行完上述程序后,图像如图 5-14 所示。

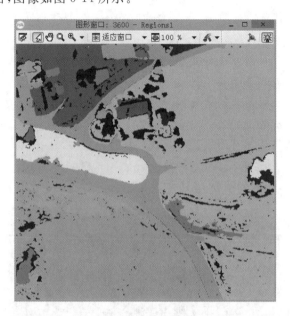

图 5-14　经 regiongrowing_mean 算子分割的图像

（4）对图像进行修补并显示。

由图 5-14 可知,经 regiongrowing_mean 算子分割后的区域有一些空白区域,所以需要对空白区域进行修补。

具体程序如下：

* 对生长后的区域进行闭运算处理,填补空白区域

closing_circle(Regions1,RegionClosing2,2.5)

* 显示经过处理的图像

dev_display(RegionClosing2)

执行完上述程序后,图像如图 5-15 所示。

由图 5-15 可知,与 regiongrowing 算子相比较,regiongrowing_mean 算子划分的单个区域面积更大,一些相似的小面积区域被合成了一个大的区域,并且对于一些边界分割得更加清晰。

◀ 5.3　分水岭算法 ▶

分水岭算法是一种典型的基于边缘的图像分割算法,通过寻找区域之间的分界线,对图像进行分割。分水岭算法的思想是将图像的灰度看作一张地形图,其中像素的灰度表示该地点的高度。灰度值低的区域是低地,灰度值越高,地势越高。

低地聚集的地方如同一块盆地,如果模拟向整片区域注水,那么每块盆地将成为一个单独

图 5-15　经闭运算处理后的图像

的积水区,即图像上的分割区域,盆地与盆地之间的边界就是区域的边界。随着注水的量越来越多,盆地的积水面积会不断扩大,边界区域则会越来越小,最后形成的分割边界就是分水岭。

分水岭算法能较好地适用于复杂背景下的目标分割,特别是具有蜂窝状结构的画面的内容分割。

在 Halcon 中,可以使用 watersheds_threshold 算子进行基于分水岭算法的图像分割。watersheds_threshold(Image:Basins:Threshold:)算子的详细参数如下:

Image:输入的原始图像;

Basins:输出的盆地区域;

Threshold:分水岭的阈值。

下面对一张含有漏洞的图像进行缺陷检测。

具体步骤如下:

(1) 读入一张含有漏洞的图像并进行预处理。

具体程序如下:

```
* 读入一张含有漏洞的图像
read_image(Image,'F:/check.jpg')
* 将图像进行灰度处理
rgb1_to_gray(Image,GrayImage)
* 对图像进行预处理,采用高斯滤波
gauss_filter(GrayImage,ImageGauss,5)
```

执行完上述程序后,图像如图 5-16 所示。

(2) 对图像进行颜色反转。

由图 5-16 可知,漏洞的亮度较高,而分水岭算法检测的是亮度较暗的区域,因此需要对图像的颜色进行反转。

具体程序如下:

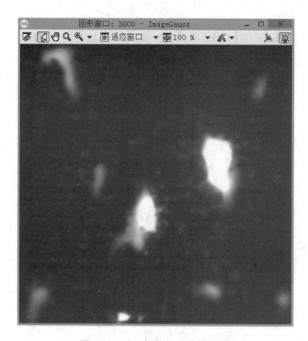

图 5-16 经过预处理后的图像

* 对图像的颜色进行反转

invert_image(ImageGauss,ImageInvert)
执行完上述程序后,图像如图 5-17 所示。

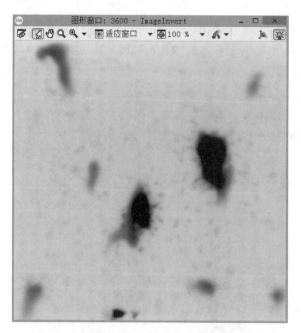

图 5-17 经颜色反转后的图像

(3)用分水岭算法对图像进行分割并显示。

具体程序如下:

* 用分水岭算法进行图像分割

watersheds_threshold(ImageInvert,Basins,50)

* 显示分割后的图像

dev_display(Basins)

执行完上述程序后,图像如图 5-18 所示。

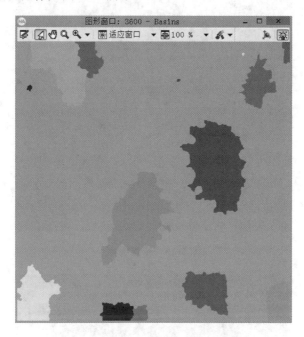

图 5-18 经分水岭算法处理后的图像

由图 5-18 可知,经过 watersheds_threshold 算子对图像进行分割后,图像中的漏洞均被检测了出来,实现了缺陷检测的效果。

◀ 5.4 实例:利用区域生长算法提取图像中特定区域 ▶

本实例是运用区域生长法将图像中的特定区域进行提取,原始图像如图 5-19 所示。

如图 5-19 所示,现需将图像中的道路进行提取,具体步骤如下:

(1) 读入图像并进行高斯滤波。

具体程序如下:

read_image(Image,'F:/region.jpg')

* 使用区域生长算子对图像进行处理,采用高斯滤波

gauss_filter(Image,ImageGauss,5)

执行完上述程序后,图像如图 5-20 所示。

(2) 使用区域生长算子对图像进行处理并修补空白区域。

具体程序如下:

* 使用区域生长算子对图像进行处理,寻找颜色相近的区域

regiongrowing(ImageGauss,Regions,1,1,3,100)

* 使用形态学中的闭运算对图像进行处理

closing_circle(Regions,RegionClosing,3.5)

执行完上述程序后,图像如图 5-21 所示。

图 5-19　原始图像

图 5-20　经高斯滤波后的图像

（3）计算独立区域的行列坐标并用 regiongrowing_mean 算子处理。

具体程序如下：

* 对不连续的区域进行划分

connection(RegionClosing,ConnectedRegions)

* 分别计算各个独立区域的行列坐标

area_center(ConnectedRegions,Area,Row,Column)

* 运用 regiongrowing_mean 进行区域生长

regiongrowing_mean(ImageGauss,Regions1,Row,Column,25,100)

执行完上述程序后，图像如图 5-22 所示。

（4）对图像进行修补。

具体程序如下：

图 5-21   经 regiongrowing 算子分割的图像

图 5-22   经 regiongrowing_mean 算子分割的图像

* 对生长后的区域进行闭运算处理,填补空白区域

```
closing_circle(Regions1,RegionClosing2,2.5)
```

执行完上述程序后,图像如图 5-23 所示。

(5) 提取图像中的道路并显示。

具体程序如下:

* 通过面积选择道路区域

```
select_shape(RegionClosing2,SelectedRegions,'area','and',29907.4,35833.3)
```

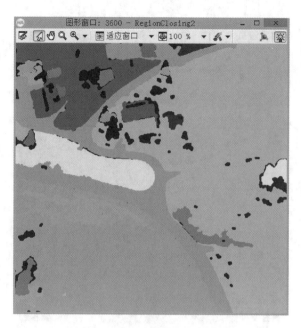

图 5-23　经闭运算处理后的图像

* 显示选中的区域

dev_display(SelectedRegions)

执行完上述程序后,图像如图 5-24 所示。

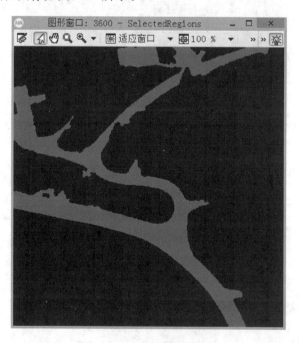

图 5-24　提取道路后的图像

　　由图 5-24 可知,运用区域生长算法可以有效地将特定区域进行提取,原始图像与处理后的图像对比如图 5-25 所示。

(a) 原始图像

(b) 提取后的图像

图 5-25　原始图像与处理后的图像对比

第 6 章
颜色处理

　　在图像处理中,图像的色彩信息有时也能帮助我们更好地处理图像。与灰度图像相比,彩色图像包含更多的额外信息,利用图像的颜色信息可以简化很多机器视觉中的任务,这些可能是灰度图像无法做到的。本章的重点内容在于图像的颜色和颜色通道的处理。图像的颜色包括图像的色彩空间、颜色空间的转换两个部分。颜色通道的处理包括图像的通道与访问通道、通道分离与合并以及处理 RGB 信息三个部分。

◀ 6.1 图像的颜色 ▶

对于图像的颜色信息,特别是通道信息,有助于对感兴趣特征的描述,也有利于从空间域上对图像进行分割或增强操作。

6.1.1 图像的色彩空间

1. RGB 模型

RGB 模型是工业界的一种颜色标准,是通过对红(red)、绿(green)、蓝(blue)3 种颜色亮度的变化以及它们相互之间的叠加来得到各种各样的颜色。该标准几乎包括了人类视觉所能感知的所有颜色。

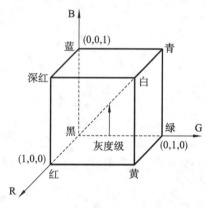

图 6-1 RGB 彩色立方示意图

RGB 彩色立方示意图如图 6-1 所示。

如图 6-1 所示,红、绿和蓝位于立方体的 3 个顶点上;青、深红和黄位于另外 3 个顶点上;黑色在原点处,而白色位于距离原点最远的顶点处,灰度等级就沿这两点连线分布;不同的颜色处于立方体外部和内部,因此可以用一个三维向量来表示。例如,在所有颜色均已归一化至[0,1]的情况下,蓝色可表示为(0,0,1),而灰色可由向量(0.5,0.5,0.5)来表示。

在 RGB 空间中,用以表示每一像素的比特数叫作像素深度。RGB 图像的 3 个红、绿、蓝分量图像都是一幅 8 bit 图像,每一个彩色像素有 24 bit 深度。因此,全彩色图像常用来定义 24 bit 的彩色图像。

2. HSI 模型

HSI 模型是从人的视觉系统出发,直接使用颜色三要素色调、饱和度和亮度来描述颜色。

色调是彩色最重要的属性,决定颜色的本质,由物体反射光线中占优势的波长来决定。不同的波长产生不同的颜色感觉。

饱和度是指颜色的深浅和浓淡程序,饱和度越高,颜色越深。饱和度的深浅和白色的比例有关,白色所占比例越高,饱和度越低。

亮度是指人眼感觉光的明暗程序。光的能量越大,亮度越大。

HSI 彩色空间可以用一个圆锥空间模型来描述,如图 6-2 所示。

如图 6-2 所示,圆锥中间的横截面圆就是色度圆,而圆锥向上或向下延伸的便是亮度分量的表示。

由于人的视觉对亮度的敏感程度远强于对颜色浓淡的敏感程序,为了便于颜色处理和识别,人的视觉系统经常采用 HSI 彩色空间,它比 RGB 彩色空间更符合人的视觉特性。此外,由于 HSI 空间中亮度和色度具有可分离特性,使得图像处理和机器视觉中大量的灰度处理算法都可在 HSI 彩色空间中使用。

3. HSV 模型

HSV 模型是用来从调色板或颜色轮中挑选颜色的彩色系统之一。HSV 表示色调、饱和度

和数值。该系统比 RGB 更接近人们的经验和对彩色的
感知。

HSV 模型空间可以用一个倒立的六棱锥来描述,如
图 6-3 所示。

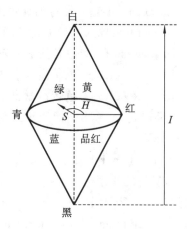

如图 6-3 所示,顶面是一个正六边形,沿 H 方向表示
色相的变化,从 $0°\sim360°$ 是可见光的全部色谱。六边形
的六个角分别代表红、黄、绿、青、蓝、品红六个颜色的位
置,每个颜色之间相隔 $60°$。由中心向六边形边界(S 方
向)表示颜色的饱和度 S 的变化,S 的值由 $0\sim1$ 变化,越
接近六边形外框的颜色饱和度越高,处于六边形外框的
颜色是饱和度最高的颜色,即 $S=1$;处于六边形中心的颜
色饱和度为 0,即 $S=0$。六棱锥的高(中心轴)用 V 表示,
它从下至上表示一条由黑到白的灰度带,V 的底端是黑

图 6-2　HSI 模型示意图

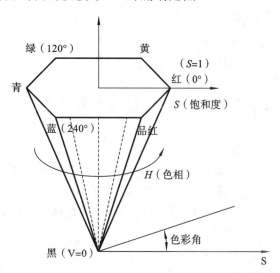

图 6-3　HSV 的六棱锥模型

色,$V=0$;V 的顶端是白色,$V=1$。

6.1.2　颜色空间的转换

在绘制图像时,有时仅参考 RGB 颜色空间无法得到理想的结果,这就需要对颜色空间做一
些转换。例如,使用 HSV 或者 HSI 颜色空间时,可以通过色调、饱和度、亮度信息来对图像进
行处理。

在 Halcon 中,支持颜色空间转换的算子包括三种,分别是 trans_from_rgb 算子、trans_to_
rgb 算子以及 create_color_trans_lut 算子。

1. trans_from_rgb 算子

该算子是用于将一个 RGB 图像转换成任意的颜色空间,trans_from_rgb(ImageRed,
ImageGreen,ImageBlue:ImageResult1,ImageResult2,ImageResult3:ColorSpace:)算子的详细
参数如下:

ImageRed:输入图像的红色通道;

ImageGreen：输入图像的绿色通道；

ImageBlue：输入图像的蓝色通道；

ImageResult1：彩色转换输出图像结果 1；

ImageResult2：彩色转换输出图像结果 2；

ImageResult3：彩色转换输出图像结果 3；

ColorSpace：输出图像的颜色空间，颜色空间包括 HSV、HIS、YIQ、YUV、VIELab 等，默认值为 HSV。

2. trans_to_rgb 算子

该算子的作用与 trans_from_rgb 算子的作用正好相反，它用于将任意颜色空间的 3 个通道图像转换为 RGB 图像。trans_to_rgb(ImageInput1，ImageInput2，ImageInput3：ImageRed，ImageGreen，ImageBlue：ColorSpace：)算子的详细参数如下：

ImageInput1：输入图像通道 1；

ImageInput2：输入图像通道 2；

ImageInput3：输入图像通道 3；

ImageRed：输出的红色通道；

ImageGreen：输出的绿色通道；

ImageBlue：输出的蓝色通道；

ColorSpace：输入图像的颜色空间，颜色空间包括 HSV、HIS、YIQ、YUV、VIELab 等，默认值为 HSV。

3. create_color_trans_lut 算子

该算子的功能是创建一个颜色查找表，用于将 RGB 图像转换为另一个颜色空间，其通过查表的形式，将 256 色的 RGB 值分别进行指定。create_color_trans_lut(：：ColorSpace，TransDirection，NumBits：ColorTransLUTHandle)算子的详细参数如下：

ColorSpace：输出图像的颜色空间；

TransDirection：颜色空间变换方向；

NumBits：输入图像的 bit 数；

ColorTransLUTHandle：颜色空间转换查找表的句柄。

◀ 6.2　颜色通道的处理 ▶

由于彩色图像包含不止一个通道，因此检测目标在不同的通道图像中的表现形式也不同。通过访问通道、分解或合并通道，可得到合适的、有助于区分目标的图像。

6.2.1　图像的通道与访问

图像的通道是图像的组成像素的描述方式。例如，如果图像全部由灰色的点组成，只需要用一个灰度值就可以表示这个点的颜色，那么这个图像就是单通道的。若这个点有彩色信息，那么描述这个点就需要用到 R、G、B 三个通道。这样的点组成的图像就是一幅三通道图像。

如果除了 R、G、B 颜色信息外，还想要用一张灰度图表示像素的透明度，像素点在灰度图上对应的值为 0，表示像素完全不发光；对应的值是 255，表示像素完成显示，那么这个点就加入了透明度信息,因而有四个通道。这样的点组成的图像就是一幅四通道图像。

　　在 Halcon 中,访问图像通道的算子有很多,这里主要介绍两种,分别为 access_channel 算子和 count_channels 算子,access_channel 算子主要用来访问某一指定的通道的图像,count_channels 算子是对图像中的通道数量进行计数并返回数量信息。

1. access_channel 算子

access_channel(MultiChannelImage:Image:Channel:)算子的详细参数如下:

MultiChannelImage:输入的多通道图像;

Image:输出多通道图像中的一路通道图像;

Channel:要访问的通道的索引,默认值为 1。

下面以访问一幅图像的 R 通道为例,具体程序如下:

```
* 读取一幅彩色图像
read_image(Image,'F:/dark.jpg')
* 访问该图像的 R 通道
access_channel(Image,red,1)
```

执行完上述程序后,访问 1 通道后的图像与原始图像如图 6-4 所示。

(a) 原始图像　　　　　　　　　　　　(b) 访问1通道后的图像

图 6-4　原始图像与访问 1 通道后的图像

2. count_channels 算子

count_channels(MultiChannelImage:::Channels)算子的详细参数如下:

MultiChannelImage:单通道或多通道图像;

Channels:输出通道的数量。

若想要对输入图像的通道数量计数,具体程序如下:

```
* 读取一幅彩色图像
read_image(Image,'F:/dark.jpg')
* 对输入图像的通道计数
count_channels(Image,Channels)
```

执行完上述程序后,可以在 Halcon 中的控制变量中看到相应的返回值,如图 6-5 所示。

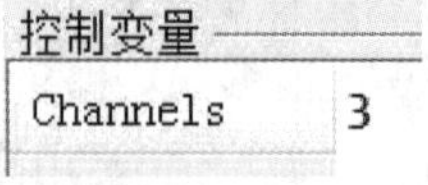

控制变量 ───────
Channels   3

图 6-5 count_channels 算子返回的通道数量

6.2.2 通道分离与合并

在图像分析中,有时完整的 RGB 信息对于分析没有明显的帮助,反而特定的颜色能帮助区分目标对象。因此,可以通过色彩分离的方法,利用某一个通道的颜色来进行图像分析。

下面以 RGB 彩色图像为例,在 Halcon 中对三通道分离与合并的算子包括四种,分别为 decompose3 算子、image_to_channels 算子、compose3 算子以及 channels_to_image 算子。

1. decompose3 算子

decompose3 算子是比较常见的通道分离方法,可以对 RGB 图像进行分离。

decompose3(MultiChannelImage:Image1,Image2,Image3::)算子的详细参数如下:

MultiChannelImage:输入的多通道图像;

Image1:输出图像 1,对应 R 通道;

Image2:输出图像 2,对应 G 通道;

Image3:输出图像 3,对应 B 通道。

下面对一幅彩色图像进行分离。

具体程序如下:

```
* 读取一幅彩色图像
read_image(Image,'F:/dark.jpg')
* 将彩色图像分为 R、G、B 三个通道
decompose3(Image,RED,GREEN,BLUE)
* 显示 R 通道图像
dev_display(RED)
* 显示 G 通道图像
dev_display(GREEN)
* 显示 B 通道图像
dev_display(BLUE)
```

执行完上述程序后,原始图像、R 通道图像、G 通道图像、B 通道图像如图 6-6 所示。

2. image_to_channels 算子

image_to_channels 算子可以将多通道图像转换为单通道的图像,并以数组的形式进行存储。

image_to_channels(MultiChannelImage:Images::)算子的详细参数如下:

MultiChannelImage:需要被分离的多通道图像;

Images:生成的单通道图像输出。

运用 image_to_channels 算子分离多通道图像的效果与图 6-6 是一致的,只是分离后的图像是以数组的形式进行存储,此处不再列出图片。

具体的程序如下:

```
* 读取一幅彩色图像
```

(a) 原始图像

(b) R通道图像

(c) G通道图像

(d) B通道图像

图 6-6　原始图像与 R、G、B 通道图像

```
read_image(Image,'F:/dark.jpg')
```
* 将彩色图像进行分离并用数组进行存储
```
image_to_channels(Image,Images)
```

3. compose3 算子

compose3 算子的功能与 decompose3 算子的功能正好相反,其是将三个通道的图像进行合并。

compose3(Image1,Image2,Image3:MultiChannelImage::)算子的详细参数如下:

Image1:输入图像 1,对应 R 通道;

Image2:输入图像 2,对应 G 通道;

Image3:输入图像 3,对应 B 通道;

MultiChannelImage:合并的多通道图像。

下面将之前分离出的 R、G、B 通道的图像进行合并,即对图 6-6(b)、(c)、(d)图像进行合并,具体的程序如下：

* 读取一幅彩色图像

```
read_image(Image,'F:/dark.jpg')
```

* 将彩色图像分为 R、G、B 三个通道

```
decompose3(Image,REG,GREEN,BLUE)
```

* 对 R、G、B 通道图像进行合并

```
compose3(REG,GREEN,BLUE,MultiChannelImage)
```

* 显示合并后的图像

```
dev_display(MultiChannelImage)
```

执行完上述程序后，合并后的图像如图 6-6(a)所示。

4. channels_to_image 算子

该算子的功能与 image_to_channels 算子相反，其是将数组内的单通道图像合并为一幅多通道图像。

channels_to_image(Images:MultiChannelImage::)算子的详细参数如下：

Images：输入的单通道图像数组；

MultiChannelImage：合并后的输出图像。

下面将之前分离出的 R、G、B 通道的图像以数组的形式读入并进行合并，即对图 6-6(b)、(c)、(d)图像进行合并，具体的程序如下：

* 读入 R、G、B 通道的图像并保存在 Images 数组中

```
read_image(Images,['RED','GREEN','BLUE'])
```

* 对数组内的单通道图像进行合并

```
channels_to_image(Images,MultiChannelImage)
```

执行完上述程序后，合并后的图像如图 6-6(a)所示。

6.2.3　处理 RGB 信息

在图像提取时，分解得到图像的颜色通道后就可以根据特定的通道图像的颜色特征提取出目标物体。但有时要提取的物体可能有复杂的颜色，无法依赖单一通道进行分割，这时需要对图片进行进一步处理。进一步处理包括对通道图像做减法、加法、乘法等操作，还可以进行直方图均衡、亮度控制等，具体的操作根据实际需求来。这里主要介绍两种处理 RGB 信息的方式，分别是对通道图像做加法和减法操作。

在 Halcon 中，对通道图像做加法和减法的算子分别是 add_image 算子和 sub_image 算子。

1. add_image 算子

add_image(Image1,Image2:ImageResult:Mult,Add:)算子的详细参数如下：

Image1：第一幅图像输入；

Image2：第二幅图像输入；

ImageResult：图像相加后的结果图像；

Mult：灰度值适应因子，默认值为 0.5；

Add：灰度值范围自适应的值，默认值为 0。

2. sub_image 算子

sub_image(ImageMinuend,ImageSubtrahend:ImageSub:Mult,Add:)算子的详细参数

如下：

ImageMinuend：当作被减数的图像；

ImageSubtrahend：当作减数的图像；

ImageSub：通过减法得到的图像；

Mult：校正因子，默认值为 1；

Add：修正值，默认值为 128。

下面以一个实际的例子对 add_image 算子和 sub_image 算子进行介绍，该例子是从五条颜色不同的线段中提取黄色的线段。具体程序和步骤如下：

（1）读入图像并将图像分解为 R、G、B 三个通道图像。

具体程序如下：

* 读入图像

read_image(Image,'F:/color.jpg')

* 将图像分解为 R、G、B 三个通道图像

decompose3(Image,RED,GREEN,BLUE)

执行完上述程序后，原始图像与 R、G、B 三通道图像如图 6-7 所示。

（2）对 R 通道和 B 通道图像进行加法操作。

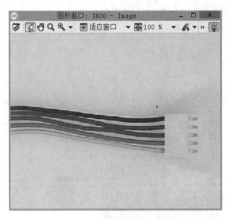
(a) 原始图像

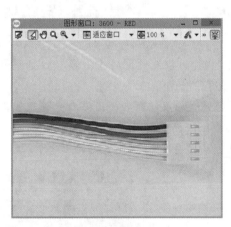
(b) R 通道图像

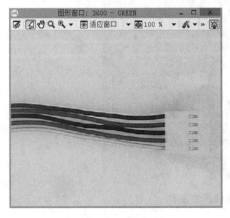
(c) G 通道图像

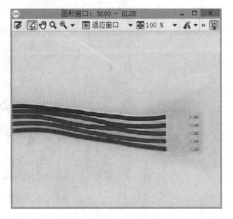
(d) B 通道图像

图 6-7　原始图像与 R、G、B 三通道图像

具体程序如下：

* 对 R 通道和 B 通道进行相加

add_image(RED,BLUE,ImageResult,0.5,0)

执行完上述程序后，图像如图 6-8 所示。

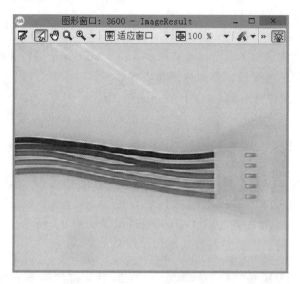

图 6-8　经加法处理后的图像

（3）将经过加法处理后的图像与 G 通道图像进行减法操作。

具体程序如下：

* 将经过加法处理后的图像与 G 通道图像做减法操作

sub_image(ImageResult,GREEN,ImageSub,1,128)

执行完上述程序后，图像如图 6-9 所示。

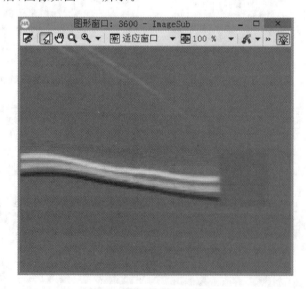

图 6-9　经减法处理后的图像

（4）对减法处理后的图像进行阈值处理，提取黄色的线段。

具体程序如下：

* 对经减法处理后的图像进行阈值处理
```
threshold(ImageSub,Regions,0,100)
```
执行完上述程序后,原始图像与处理后的图像的对比如图 6-10 所示、

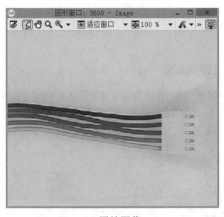
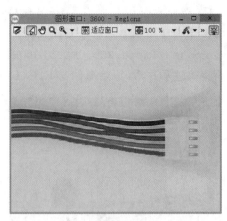

(a) 原始图像   (b) 经处理后的图像

图 6-10　原始图像与处理后的图像的对比

由图 6-10 可知,经过处理后,可以从原图中提取黄色的线段。

◀ 6.3　实例:利用颜色信息提取颜色相近的线段 ▶

如图 6-10(a)所示,在图像中有两组颜色相近的线段,将图 6-10(a)转换为灰度图像,如图 6-11所示。

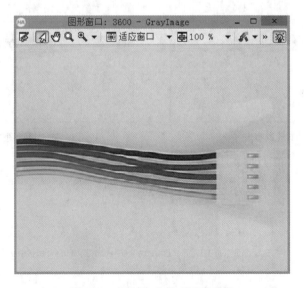

图 6-11　经过灰度处理后的图像

由图 6-11 可知,经过灰度处理后,图像中的中间三条线的灰度太接近了,如果使用阈值处理很难将三条线分别进行提取,因此这就需要用颜色信息来进行提取。
下面以提取五条线段中正中间的线段来举例,具体步骤和程序如下:

（1）读入图像并将图像分解为 R、G、B 三个通道图像。

具体程序如下：

```
* 读入图像
read_image(Image,'F:/color.jpg')
* 将图像分解为 R、G、B 三个通道图像
decompose3(Image,RED,GREEN,BLUE)
```

执行完上述程序后，原始图像与 R、G、B 三通道图像如图 6-12 所示。

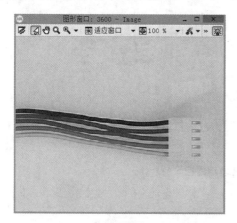

(a) 原始图像

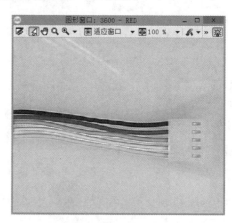

(b) R 通道图像

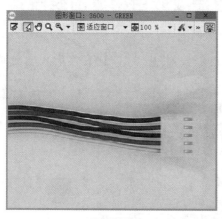

(c) G 通道图像

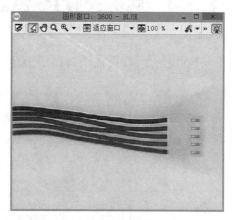

(d) B 通道图像

图 6-12　原始图像与 R、G、B 三通道图像

（2）将 RGB 颜色空间转换为 HSV 颜色空间。

具体程序如下：

```
* 将 RGB 颜色空间转换为 HSV 颜色空间
trans_from_rgb(RED,GREEN,BLUE,ImageResult1,ImageResult2,ImageResult3,'hsv')
```

执行完上述程序后，H 通道、S 通道、V 通道图像如图 6-13 所示。

（3）根据需求选择 H、S、V 通道图像中的一幅进行阈值处理。

根据要求，要提取正中间的线段，再根据 H、S、V 三幅通道图像可知，饱和度通道图像的中间线段相较于其他线段更亮一些，因此可以选择饱和度通道图像进行阈值处理来分离正中间的线段。

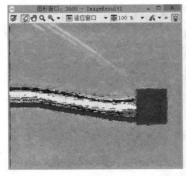 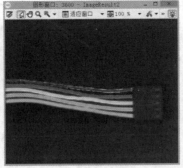 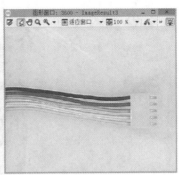

(a) 色调通道图像　　　　　(b) 饱和度通道图像　　　　　(c) 明度通道图像

图 6-13　H 通道、S 通道、V 通道图像

具体程序如下：

```
* 对饱和度通道图像进行阈值处理
threshold(ImageResult2,Regions,188,255)
```

执行完上述程序后，图像如图 6-14 所示、

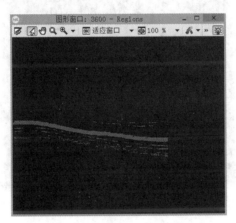

图 6-14　经阈值处理后的图像

（4）对图像进行填充操作。

由图 6-14 可知，经过阈值处理后，线段的基本轮廓已经提取，但是线段中有一些空白区域，因此需要对空白区域进行填充。

具体程序如下：

```
* 对图像进行填充操作
fill_up(Regions,RegionFillUp)
```

执行完上述程序后，图像如图 6-15 所示。

（5）对图像进行开运算处理。

由图 6-15 可知，图像中的一些空白区域得到了填充，但还存在一些干扰点，因此需要对图像进行形态学处理，这里采用开运算。

具体程序如下：

```
* 对图像进行开运算
opening_circle(RegionFillUp,RegionOpening,3)
```

执行完上述程序后，图像如图 6-16 所示。

图 6-15　经填充处理后的图像

图 6-16　经开运算处理后的图像

　　由图 6-16 可知,经过开运算后能够将其余的干扰点都去掉。原始图像与结果的对比如图 6-17 所示。

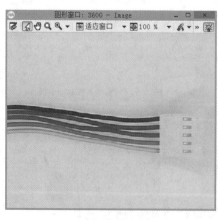

(a) 原始图像

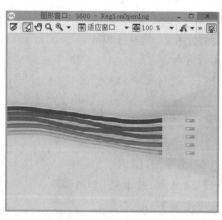

(b) 对中间线段提取的结果

图 6-17　原始图像与结果的对比

第7章
图像的形态学处理

在图像处理中,有时需要对图像的局部像素进行处理,用于提取有意义的局部图像细节,这种处理方法称为图像的形态学处理。通过改变局部区域的像素形态,对目标进行增强,为后续的图像分割、特征提取、边缘检测做准备。本章的重点内容在于图像的腐蚀与膨胀、开运算与闭运算、顶帽运算与底帽运算、灰度图像的形态学运算。

◄ 7.1 腐蚀与膨胀 ►

腐蚀与膨胀是对区域的"收缩"或"扩张",一般用于对图像的边缘进行处理。

在腐蚀与膨胀中需要用到的一个参数就是结构元素。结构元素是类似于"滤波核"的元素,其在图像上可以进行滑动,一般由 0 和 1 的二值像素组成。结构元素的原点相当于"滤波核"的中心,其尺寸由具体的腐蚀或膨胀算子决定。结构元素的尺寸决定着腐蚀或膨胀的程度,结构元素越大,被腐蚀消失或者被膨胀增加的区域也会越大。

7.1.1 腐蚀

腐蚀操作是对选定区域进行"收缩"的一种操作,可以用于消除边缘和杂点。腐蚀区域的大小与结构元素的大小和形状有关。

腐蚀操作的原理就是先用结构元素确定一个"滤波核",包括尺寸和形状。接着,用这个"滤波核"在二值图像上进行滑动,将二值图像对应的像素点与结构元素的像素进行对比,得到的交集即为腐蚀后的图像像素。

经过腐蚀操作,图像区域的边缘可能会变得平滑,区域的像素将会减少,相连的部分可能会断开,但是各个部分还是属于同一个区域。

在 Halcon 中有许多与腐蚀操作相关的算子,包括 erosion_circle 算子、erosion_rectangle1 算子、erosion_golay 算子等,这里以 erosion_circle 算子进行举例。

erosion_circle(Region:RegionErosion:Radius:)算子的详细参数如下:

Region:输入的受腐蚀区域;

RegionErosion:输出的腐蚀区域;

Radius:圆形结构元素的半径,默认为 3.5。

下面对一张石子图像进行腐蚀操作,具体步骤如下:

(1) 读入图片并进行灰度处理。

具体程序如下:

```
* 读入一张图像
read_image(Image,'F:/stone.jpg')
* 对读入的图像进行灰度处理
rgb1_to_gray(Image,GrayImage)
```

执行完上述程序后,图像如图 7-1 所示。

(2) 进行阈值处理,提取石子区域。

具体程序如下:

```
* 提取石子区域
threshold(GrayImage,Regions,113,205)
```

执行完上述程序后,图像如图 7-2 所示。

(3) 对阈值处理后的图像进行腐蚀操作并显示。

具体程序如下:

```
* 对经过阈值处理后的图像进行腐蚀操作
```

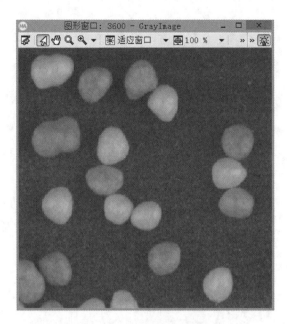

图 7-1　经过灰度处理后的图像

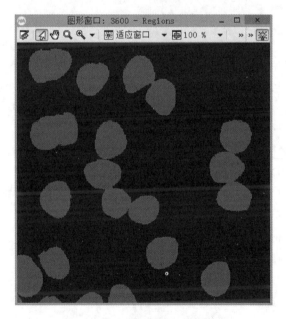

图 7-2　经过阈值处理后的图像

```
erosion_circle(Regions,RegionErosion,7.5)
* 显示经过腐蚀操作后的图像
dev_display(RegionErosion)
```

执行完上述程序后,图像如图 7-3 所示。

根据图 7-2 和图 7-3 可知,经过腐蚀操作后,被选中的石子区域明显被缩减了,同时部分相连的区域被分开。这里需要注意的是,虽然相连的区域被分开,但是这些石子区域还是属于同一个区域。

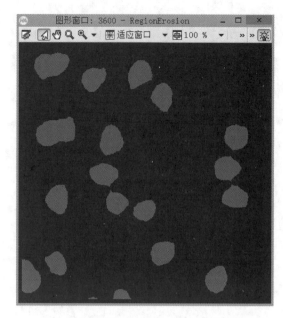

图 7-3　经过腐蚀操作后的图像

7.1.2　膨胀

膨胀操作与腐蚀操作相反,该操作是对选中的区域进行"扩张"。

膨胀操作的原理就是先用结构元素确定一个"滤波核",包括尺寸和形状。接着,用这个"滤波核"在二值图像上进行滑动,将二值图像对应的像素点与结构元素的像素进行对比,得到的并集即为膨胀后的图像像素。

经过膨胀操作,图像区域的边缘可能会变得平滑,区域的像素将会增加,不相连的部分可能会连接起来,但这些不相连的区域仍然属于各自的区域。

在 Halcon 中有许多与膨胀操作相关的算子,包括 dilation_circle 算子、dilation_rectangle1 算子、dilation_golay 算子等。这里以 dilation_circle 算子进行举例。

dilation_circle(Region:RegionDilation:Radius:)算子的详细参数如下:

Region:需要扩张的区域;

RegionDilation:输出的扩张区域;

Radius:圆形结构元素的半径,默认为 3.5。

下面对一张石子图像进行膨胀操作,具体步骤如下:

(1) 读入图片并进行灰度处理。

具体程序如下:

```
* 读入一张图像
read_image(Image,'F:/stone.jpg')
* 对读入的图像进行灰度处理
rgb1_to_gray(Image,GrayImage)
```

执行完上述程序后,图像如图 7-4 所示。

(2) 进行阈值处理,提取石子区域。

具体程序如下:

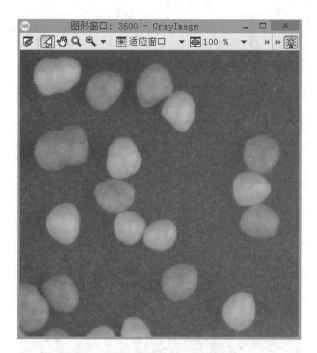

图 7-4　经过灰度处理后的图像

* 提取石子区域

threshold(GrayImage,Regions,113,205)

执行完上述程序后,图像如图 7-5 所示。

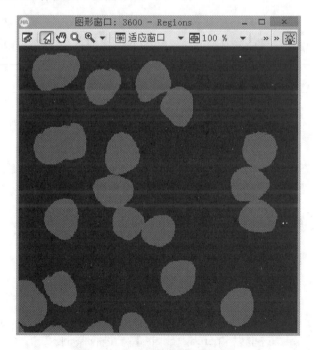

图 7-5　经过阈值处理后的图像

(3) 对阈值处理后的图像进行膨胀操作并显示。

具体程序如下:

* 对经过阈值处理后的图像进行膨胀操作

```
dilation_circle(Regions,RegionDilation,3.5)
* 显示经过膨胀操作后的图像
dev_display(RegionDilation)
```

执行完上述程序后,图像如图 7-6 所示。

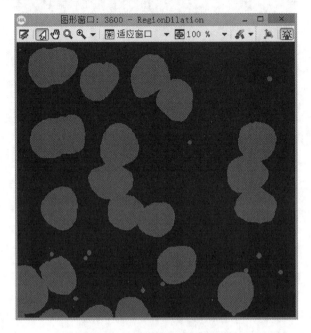

图 7-6　经过膨胀操作后的图像

根据图 7-5 和图 7-6 可知,经过膨胀操作后,被选中的石子区域明显被扩张了,同时部分不相连的区域连在了一起。这里需要注意的是,虽然不相连的区域相连了,但是这些石子区域还是属于各自的区域。

◀ 7.2　开运算与闭运算 ▶

腐蚀和膨胀是形态学运算的基础,在实际检测的过程中,常常需要组合运用腐蚀和膨胀。通过结合腐蚀和膨胀操作就形成了开运算和闭运算两种操作。

7.2.1　开运算

开运算就是先对图像进行腐蚀操作,然后再对图像进行膨胀操作,因此开运算可以将离得很近的元素先分割开,然后再填补空隙。除此之外,开运算还可以去除一些孤立的点,使图像更加清晰。

在 Halcon 中与开运算相关的操作有很多,包括 opening_circle 算子、opening_rectangle1 算子、opening_golay 算子等。这里以 opening_circle 算子进行举例。

opening_circle(Region:RegionOpening:Radius:)算子的详细参数如下:

Region:需要进行开运算的区域;

RegionOpening:输出的开运算区域;

Radius:圆形结构元素的半径,默认为 3.5。

下面对一张石子图像进行开运算操作,具体步骤如下:

(1) 读入图片并进行灰度处理。

具体程序如下:

* 读入一张图像

read_image(Image,'F:/stone.jpg')

* 对读入的图像进行灰度处理

rgb1_to_gray(Image,GrayImage)

执行完上述程序后,图像如图 7-7 所示。

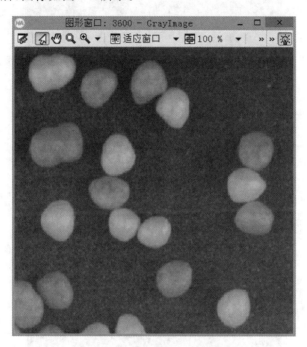

图 7-7　经过灰度处理后的图像

(2) 进行阈值处理,提取石子区域。

具体程序如下:

* 提取石子区域

threshold(GrayImage,Regions,90,219)

执行完上述程序后,图像如图 7-8 所示。

(3) 进行开运算,去除图中的杂点。

具体程序如下:

* 对阈值处理后的图像进行开运算

opening_circle(Regions,RegionOpening,3.5)

* 显示开运算处理后的图像

dev_display(RegionOpening)

执行完上述程序后,图像如图 7-9 所示。

根据图 7-8 和图 7-9 可知,经过开运算处理后的图像可以将杂点全部去除,使图像更加清晰。

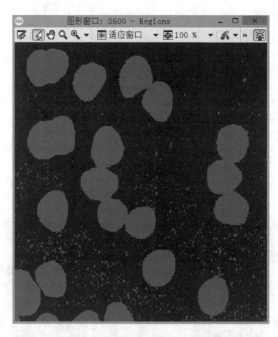

图 7-8　经过阈值处理后的图像

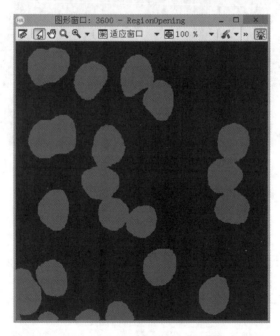

图 7-9　经过开运算处理后的图像

7.2.2　闭运算

闭运算就是先对图像进行膨胀操作,然后再对图像进行腐蚀操作,因此闭运算可以使区域内的空洞或外部孤立的点连接成一体,区域的外观和面积也不会有明显的改变,即可以用于填补图像的空隙。

在 Halcon 中与闭运算相关的操作有很多,包括 closing_circle 算子、closing_rectangle1 算

子、closing_golay 算子等。这里以 closing_circle 算子进行举例。

closing_circle(Region:RegionClosing:Radius:)算子的详细参数如下：

Region：需要进行闭运算的区域；

RegionClosing：输出的闭运算区域；

Radius：圆形结构元素的半径，默认为 3.5。

下面对一张樱桃图像进行闭运算操作，具体步骤如下：

（1）读入图片并将其颜色进行分解。

具体程序如下：

* 读入一张图像

read_image(Image,'F:/cherry.jpg')

* 对读入图像的颜色进行分解

decompose3(Image,Image1,Image2,Image3)

执行完上述程序后，图像如图 7-10 所示。

(a) 原始图像

(b) R通道图像

(c) G通道图像

(d) B通道图像

图 7-10　对颜色进行分解后的图像

（2）对 RGB 图像进行通道转换，转换为 HSV 通道。

具体程序如下：

* 将 RGB 通道图像转换为 HSV 通道图像

```
trans _ from _ rgb ( Image1, Image2, Image3, ImageResult1, ImageResult2,
ImageResult3,'hsv')
```

执行完上述程序后,图像如图 7-11 所示。

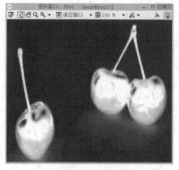

(a) H通道图像　　　　　　　(b) S通道图像　　　　　　　(c) V通道图像

图 7-11　HSV 通道图像

(3) 选择 S 通道图像进行阈值处理。

具体程序如下:

```
* 对 S 通道图像进行阈值处理
threshold(ImageResult2,Regions,97,255)
```

执行完上述程序后,图像如图 7-12 所示。

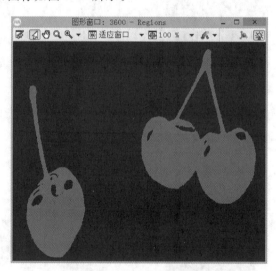

图 7-12　经过阈值处理后的图像

(4) 对阈值处理后的图像进行闭操作。

具体程序如下:

```
* 对阈值处理后的图像进行闭操作
closing_circle(Regions,RegionClosing,10)
```

执行完上述程序后,图像如图 7-13 所示。

由图 7-12 和图 7-13 可知,图像中的空白区域通过闭运算处理已经进行了填补。

图 7-13 经过闭运算处理后的图像

7.3 顶帽运算与底帽运算

顶帽运算和底帽运算是在开运算与闭运算的基础上来处理图像中出现的各种杂点、空洞、小的间隙以及毛糙的边缘等。

7.3.1 顶帽运算

顶帽运算是用原始的二值图像减去开运算的图像,而开运算是用于过滤掉某些局部像素,因此顶帽运算可以用来提取被过滤掉的这些像素。

在 Halcon 中,可以用 top_hat 算子进行顶帽运算。top_hat(Region, StructElement: RegionTopHat::)算子的详细参数如下:

Region:要处理的区域;

StructElement:结构元素(与位置无关);

RegionTopHat:输出的顶帽区域。

下面对一张石子图像进行顶帽运算操作,具体步骤如下:

(1) 读入图像进行灰度和阈值处理。

具体程序如下:

* 读入一张图像

read_image(Image,'F:/stone.jpg')

* 对读入的图像进行灰度处理

rgb1_to_gray(Image,GrayImage)

* 提取石子区域

threshold(GrayImage,Regions,90,219)

执行完上述程序后,图像如图 7-14 所示。

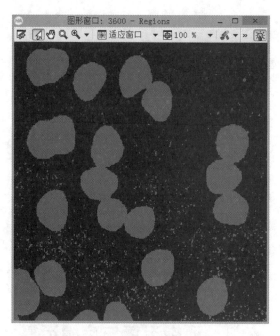

图 7-14　经灰度和阈值处理后的图像

（2）进行开运算。

具体程序如下：

* 对阈值处理后的图像进行开运算

opening_circle(Regions,RegionOpening,3.5)

执行完上述程序后，图像如图 7-15 所示。

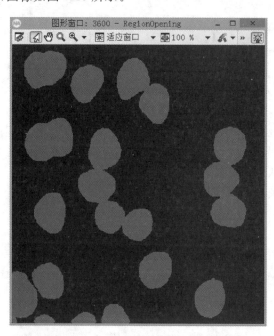

图 7-15　经过开运算处理后的图像

（3）进行顶帽运算，提取过滤掉的杂点。

* 进行顶帽运算，提取杂点

top_hat(Regions,RegionOpening,RegionTopHat)

* 显示过滤掉的杂点

dev_display(RegionTopHat)

执行完上述程序后，图像如图 7-16 所示。

图 7-16　经过顶帽运算处理后的图像

由图 7-16 可知，顶帽运算可以提取开运算过滤掉的像素。

7.3.2　底帽运算

底帽运算是用闭运算的图像减去原始的二值图像，即通过底帽运算可以提取填补空白的区域。

在 Halcon 中，也可以使用 top_hat 算子进行底帽运算，只需将输入的原始二值图像作为被减对象，输入的闭运算图像作为减对象即可。

下面对一张樱桃图像进行底帽运算操作，具体步骤如下：

（1）读入图片，提取樱桃的图像。

具体程序如下：

* 读入一张图像

read_image(Image,'F:/cherry.jpg')

* 对读入图像的颜色进行分解

decompose3(Image,Image1,Image2,Image3)

* 将 RGB 通道图像转换为 HSV 通道图像

trans_from_rgb(Image1, Image2, Image3, ImageResult1, ImageResult2, ImageResult3,'hsv')

* 对 S 通道图像进行阈值处理

threshold(ImageResult2,Regions,97,255)

执行完上述程序后，图像如图 7-17 所示。

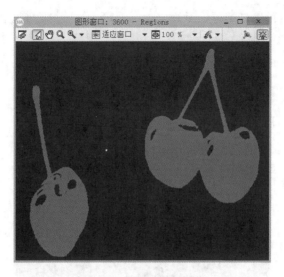

图 7-17　提取的樱桃图像

（2）进行闭运算，填补樱桃图像中的空白区域。

具体程序如下：

* 对阈值处理后的图像进行闭操作

closing_circle(Regions,RegionClosing,10)

执行完上述程序后，图像如图 7-18 所示。

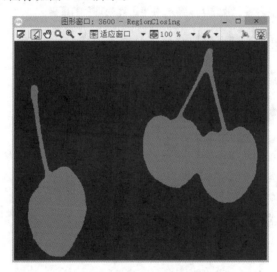

图 7-18　经过闭运算处理后的图像

（3）进行底帽运算，提取填补区域。

具体程序如下：

* 进行底帽运算，将原始输入作为被减图像，闭运算后的图像作为减图像

top_hat(RegionClosing,Regions,RegionTopHat)

执行完上述程序后，图像如图 7-19 所示。

由图 7-19 可知，用于填补空白区域的图像已经被提取完成。

图 7-19　经底帽运算处理后的图像

◀ 7.4　灰度图像的形态学运算 ▶

前面几个小节都是针对区域进行的形态学操作,本节介绍对灰度图像进行形态学操作。

7.4.1　灰度图像与区域的区别

基于区域的形态学运算与基于灰度图像的形态学运算的根本区别在于两者输入的对象不同。前者输入的是一些区域,并且这些区域是经过阈值处理的二值图像区域;而后者的输入则是灰度图像。

当输入对象是一些二值区域时,这些区域就成了算子的主要操作对象。区域的灰度是二值的,并不会发生变化。形态学运算改变的是这些区域的形状,如通过腐蚀使区域面积变小,或者通过膨胀使区域面积变大等。

而当输入对象是灰度图像时,形态学运算改变的则是像素的灰度,表现为灰度图像上的亮区域或暗区域的变化。

腐蚀运算是将图像中的像素点赋值为其局部领域中灰度的最小值,因此图像整体灰度值减少,图像中暗的区域变得更暗,较亮的小区域被抑制。

膨胀运算是将图像中的像素点赋值为其局部邻域中灰度的最大值,经过膨胀处理后,图像整体灰度值增大,图像中亮的区域扩大,较暗的小区域消失。

7.4.2　灰度图像的形态学运算效果及常用算子

对于灰度图像的形态学操作同样包括腐蚀运算、膨胀运算、开运算和闭运算。在 Halcon 中,这些运算常用的算子分别对应 gray_erosion_shape 算子、gray_dilation_shape 算子、gray_opening_shape 算子和 gray_dilation_shape 算子。

下面对以上这四个算子进行介绍。

1. gray_erosion_shape(Image:ImageMin:MaskHeight,MaskWidth,MaskShape:)算子

Image:要为其计算最小灰度值的输入图像;

ImageMin:包含最小灰度值的图像;

MaskHeight:过滤窗口的高度,默认值为 11;

MaskWidth:过滤窗口的宽度,默认值为 11;

MaskShape:过滤窗口的形状,默认为八边形。

下面对 gray_erosion_shape 算子进行举例说明,具体程序如下:

* 读入一张图像

read_image(Image,'F:/stone.jpg')

* 将图像进行灰度处理

rgb1_to_gray(Image,GrayImage)

* 对灰度图像进行腐蚀运算

gray_erosion_shape(GrayImage,ImageMin,11,11,'octagon')

执行完上述程序后,经 gray_erosion_shape 算子处理前后图像的对比如图 7-20 所示。

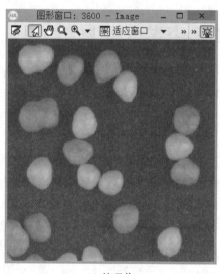 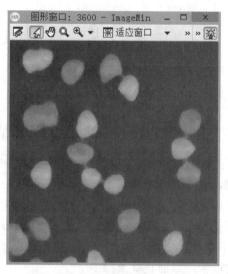

(a) 处理前   (b) 处理后

图 7-20　经 gray_erosion_shape 算子处理前后图像的对比

由图 7-20 可知,经过腐蚀运算后,图像中的局部图像收缩了,图像整体变暗了。

2. gray_dilation_shape(Image:ImageMax:MaskHeight,MaskWidth,MaskShape:)算子

Image:要为其计算最大灰度值的输入图像;

ImageMax:包含最大灰度值的图像;

MaskHeight:过滤窗口的高度,默认值为 11;

MaskWidth:过滤窗口的宽度,默认值为 11;

MaskShape:过滤窗口的形状,默认为八边形。

下面对 gray_dilation_shape 算子进行举例说明,具体程序如下:

* 读入一张图像

read_image(Image,'F:/stone.jpg')

* 将图像进行灰度处理

```
rgb1_to_gray(Image,GrayImage)
```
* 对灰度图像进行膨胀运算
```
gray_dilation_shape(GrayImage,ImageMax,11,11,'octagon')
```
执行完上述程序后,经 gray_dilation_shape 算子处理前后图像的对比如图 7-21 所示。

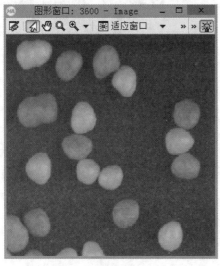
(a) 处理前

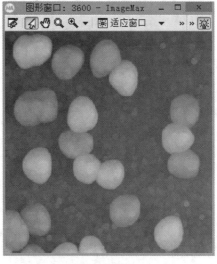
(b) 处理后

图 7-21　经 gray_dilation_shape 算子处理前后图像的对比

由图 7-21 可知,经过膨胀运算后,图像中局部区域被扩大了,图像整体变亮了。

3. gray_opening_shape(Image:ImageOpening:MaskHeight,MaskWidth,MaskShape:)算子

Image:要为其计算最小灰度值的输入图像;

ImageOpening:包含最小灰度值的图像;

MaskHeight:过滤窗口的高度,默认值为 11;

MaskWidth:过滤窗口的宽度,默认值为 11;

MaskShape:过滤窗口的形状,默认为八边形。

下面对 gray_opening_shape 算子进行举例说明,具体程序如下:

* 读入一张图像
```
read_image(Image,'F:/stone.jpg')
```
* 将图像进行灰度处理
```
rgb1_to_gray(Image,GrayImage)
```
* 对灰度图像进行开运算
```
gray_opening_shape(GrayImage,ImageOpening,11,11,'octagon')
```
执行完上述程序后,经 gray_opening_shape 算子处理前后图像的对比如图 7-22 所示。

由图 7-22 可知,图像中的较亮的小细节消失,石子的背景图像被暗区域覆盖了。

4. gray_closing_shape(Image:ImageClosing:MaskHeight,MaskWidth,MaskShape:)算子

Image:要为其计算最小灰度值的输入图像;

ImageClosing:包含最小灰度值的图像;

MaskHeight:过滤窗口的高度,默认值为 11;

MaskWidth:过滤窗口的宽度,默认值为 11;

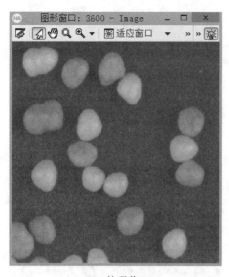
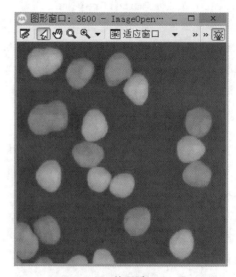

(a) 处理前　　　　　　　　　　　　　　　　(b) 处理后

图 7-22　经 gray_opening_shape 算子处理前后图像的对比

MaskShape：过滤窗口的形状，默认为八边形。

下面对 gray_closing_shape 算子进行举例说明，具体程序如下：

```
* 读入一张图像
read_image(Image,'F:/stone.jpg')
* 将图像进行灰度处理
rgb1_to_gray(Image,GrayImage)
* 对灰度图像进行闭运算
gray_closing_shape(GrayImage,ImageClosing,11,11,'octagon')
```

执行完上述程序后，经 gray_closing_shape 算子处理前后图像的对比如图 7-23 所示。

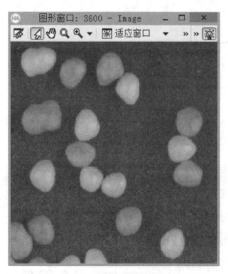
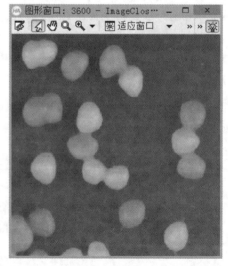

(a) 处理前　　　　　　　　　　　　　　　　(b) 处理后

图 7-23　经 gray_closing_shape 算子处理前后图像的对比

由图 7-23 可知,灰度图像中较暗的点消失了,非常接近的区域被连接在一起。

◀ 7.5 实例:图像目标的分割与计数 ▶

本实例是运用形态学算法对区域图像进行分割,在分割完成后,再对图像内的目标进行计数,原始图像如图 7-24 所示。

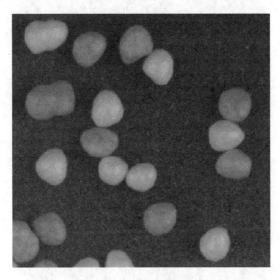

图 7-24 原始图像

如图 7-24 所示,现需对图像内的石子区域进行提取并计数,具体步骤如下:

(1) 读入图像并进行灰度处理。

具体程序如下:

```
* 读入原始图像
read_image(Image,'F:/项目/机器视觉/图片/stone.jpg')
* 对图像进行灰度处理
rgb1_to_gray(Image,GrayImage)
```

执行完上述程序后,图像如图 7-25 所示。

(2) 对灰度图像进行腐蚀运算,使石子的交界处更加明显。

具体程序如下:

```
* 对灰度图像进行腐蚀运算
gray_erosion_shape(GrayImage,ImageMin,3,3,'octagon')
```

执行完上述程序后,图像如图 7-26 所示。

(3) 对图像进行区域生长运算,提取石子区域。

具体程序如下:

```
* 进行区域生长运算,分割区域
regiongrowing(ImageMin,Regions,1,1,4,100)
```

执行完上述程序后,图像如图 7-27 所示。

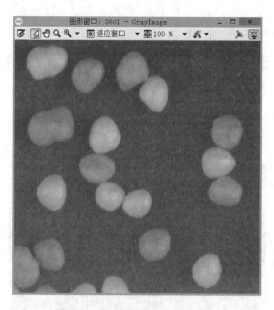

图 7-25   经过灰度处理后的图像

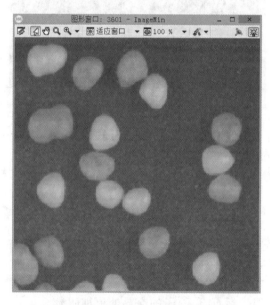

图 7-26   经过腐蚀运算处理后的图像

（4）对区域进行划分并提取石子区域。

具体程序如下：

* 对各个区域进行划分

```
connection(Regions,ConnectedRegions)
```

* 提取石子区域

```
select_shape(ConnectedRegions,SelectedRegions,'area','and',0,15277.8)
```

执行完上述程序后，图像如图 7-28 所示。

（5）对石子区域进行计数并显示。

具体程序如下：

* 对石子区域进行计数

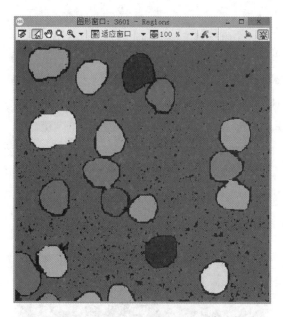

图 7-27 经区域生长运算处理后的图像

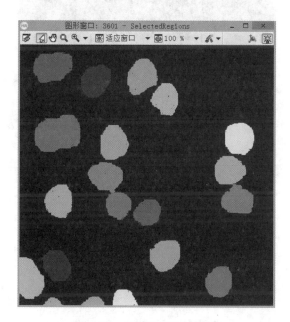

图 7-28 提取后的石子区域

```
count_obj(SelectedRegions,Number)
* 清空窗口
dev_clear_window()
* 打开新的窗口
dev_open_window(0,0,512,512,'black',WindowHandle)
* 设置字体和字体的大小
set_font(WindowHandle,'-System-20-* -0-0-0-1-GB2312_CHARSET-')
* 设置字符串的位置
set_tposition(WindowHandle,0,300)
```

* 在窗口写入字符串

write_string(WindowHandle,'有'+ Number+ '个石子')

* 显示窗口和字符串

dev_display(SelectedRegions)

执行完上述程序后,图像如图 7-29 所示。

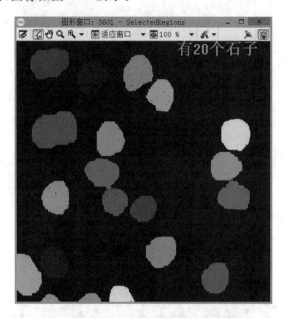

图 7-29 计数完成后的图像

如图 7-29 所示,本实例已经实现对图像内的石子区域进行提取以及计数。

第8章
特征提取

当图像通过分割、形态学处理后会得到一些区域,这些区域构成了一个集合。从这个集合中提取所需要的区域,就需要使用特征作为判断和选择的依据。本章的重点内容在于区域形状特征、基于灰度值的特征以及基于图像纹理的特征三个部分。区域形状特征包括区域的面积和中心点、封闭区域的面积、根据特征值选择区域以及根据特征值创建区域四个部分。基于灰度值的特征包括区域的灰度特征值、区域的最大最小灰度值、灰度值的平均值和偏差、根据灰度特征值选择区域五个部分。基于图像纹理的特征包括灰度共生矩阵、创建灰度共生矩阵、用共生矩阵计算灰度值特征以及计算共生矩阵并导出灰度值特征四个部分。

◀ **8.1 区域形状特征** ▶

在图像测量和识别中,选择物体的特征是非常重要的基础。其中,区域形状特征在模板匹配中,常被作为匹配的依据。

8.1.1 区域的面积和中心点

对于区域特征而言,最常用到的便是区域的面积和中心点坐标信息。在 Halcon 中,可以使用 area_center 算子来实现该功能。

area_center(Regions:::Area,Row,Column)算子的详细参数如下:

Regions:要检查的区域;

Area:得到的区域面积;

Row:中心的行坐标;

Column:中心的列坐标。

下面对一幅红枣图像进行面积和中心点计算,并将面积显示在图片上。

(1) 读入一幅红枣图像并进行灰度处理。

具体程序如下:

```
* 清空窗口
dev_clear_window()
* 读入红枣图像
read_image(Image,'F:/area_center.jpg')
* 获得红枣图像的大小
get_image_size(Image,Width,Height)
* 打开一个新的窗口
dev_open_window(0,0,Width,Height,'black',Windows)
* 对红枣图像进行灰度处理
rgb1_to_gray(Image,GrayImage)
```

执行完上述程序后,图像如图 8-1 所示。

(2) 对图像进行阈值处理并填补图片的空白。

具体程序如下:

```
* 对图像进行阈值处理
threshold(GrayImage,Regions,0,116)
* 填补图像中的空白
fill_up(Regions,RegionFillUp)
```

执行完上述程序后,图像如图 8-2 所示。

(3) 对图像进行闭运算并提取红枣区域。

具体程序如下:

```
* 对图像进行闭运算
closing_circle(RegionFillUp,RegionClosing,4.5)
```

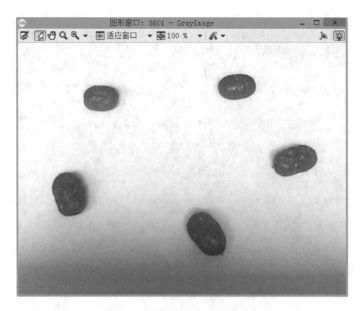

图 8-1　经过灰度处理后的图像

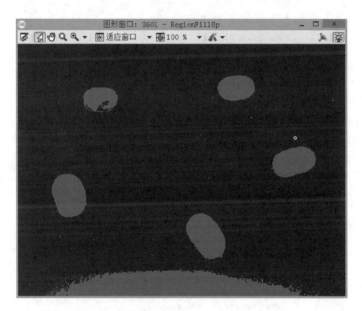

图 8-2　经过阈值以及填充处理后的图像

* 分割不相连的区域

connection(RegionClosing,ConnectedRegions)

* 提取红枣区域

select_shape(ConnectedRegions,SelectedRegions,'area','and',2208.33,
4819.44)

执行完上述程序后,图像如图 8-3 所示。

(4) 对图像中的每一个红枣区域进行面积和中心点坐标计算并显示面积。

具体程序如下:

* 对图像进行计数

count_obj(SelectedRegions,Number)

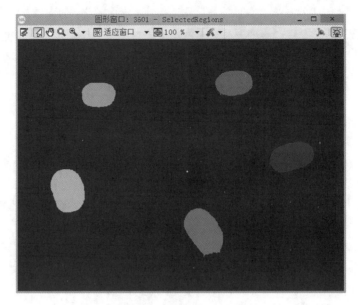

图8-3 提取的红枣区域

```
* 计算图像每个区域的中心点坐标和面积
area_center(SelectedRegions,Area,Row,Column)
* 用循环输出每个区域面积
for i:= 1 to Number by 1
* 设置红枣区域颜色为红色
dev_set_color('red')
* 选择每一个红枣区域
select_obj(SelectedRegions,ObjectSelected,i)
* 设置输出的字符串位置
set_tposition(Windows,Row[i-1]+ 40,Column[i-1])
* 将字符串的区域颜色设为蓝色
dev_set_color('blue')
* 设置字符串的字体和大小
set_font(Windows,'-System-20-* -0-0-0-1-GB2312_CHARSET-')
* 在图像中写入字符串
write_string(Windows,Area[i-1])
Endfor
```

执行完上述程序后,图像如图8-4所示。

由图8-4可知,程序实现了对红枣区域的提取并计算出了各个区域的面积和中心点坐标,同时在图像中显示了各个区域的面积。

8.1.2 封闭区域(孔洞)的面积

在Halcon中可以使用area_holes算子计算图像中封闭区域(孔洞)的面积。

area_holes(Regions:::Area)算子的详细参数如下:

Regions:要检测的区域;

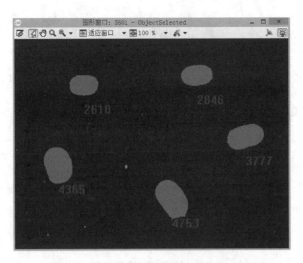

图 8-4　提取的红枣区域以及相应的面积

Area：该区域孔洞的面积。

下面对一幅含孔洞的工件图像进行面积计算，并将面积显示在图片上。

（1）读入图像并进行灰度处理。

具体程序如下：

```
* 读入含有孔洞的工件图像
read_image(Image,'F:/ring.jpg')
* 对图像进行灰度处理
rgb1_to_gray(Image,GrayImage)
```

执行完上述程序后，图像如图 8-5 所示。

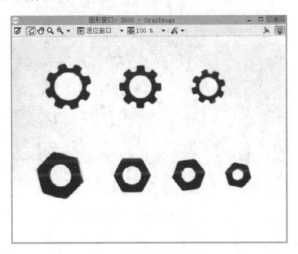

图 8-5　经过灰度处理后的图像

（2）对图像进行阈值处理。

具体程序如下：

```
* 对图像进行阈值处理
threshold(GrayImage,Regions,0,221)
```

执行完上述程序后，图像如图 8-6 所示。

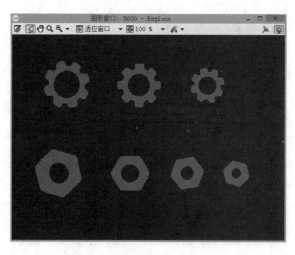

图 8-6   经阈值处理后的图像

（3）计算孔洞面积并显示在图像上。

具体程序如下：

* 计算孔洞面积

area_holes(Regions,Area)

* 将孔洞面积显示在图像上

disp_message(3600,'面积:'+ Area+ '像素','window',10,10,'black','true')

执行完上述程序后，图像如图 8-7 所示。

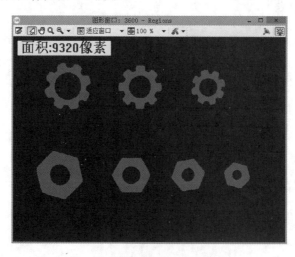

图 8-7   计算孔洞面积后的图像

由图 8-7 可知，程序实现了对区域孔洞的提取并计算出了相应的面积，同时在图像中显示了其面积。

8.1.3   根据特征值选择区域

在 Halcon 中比较常用的提取图像特征的算子是 select_shape 算子，该算子能够高效地根据特征提取出符合条件的区域。

select_shape(Regions:SelectedRegions:Features,Operation,Min,Max:)算子的详细参数

如下：

Regions：要检测的区域；

SelectedRegions：满足条件的区域；

Features：用于检测的图像特征，包括面积、宽度等；

Operation：每个独立特征的连接类型，包括与和或，默认为与；

Min：特征的最小值；

Max：特征的最大值。

下面对一幅含有孔洞的工件图像进行特征选择操作，提取该图像中最大的孔洞区域。

（1）读入一幅含有孔洞的工件图像并进行灰度处理。

具体程序如下：

```
* 读入含有孔洞的工件图像
read_image(Image,'F:/ring.jpg')
* 对图像进行灰度处理
rgb1_to_gray(Image,GrayImage)
```

执行完上述程序后，图像如图 8-8 所示。

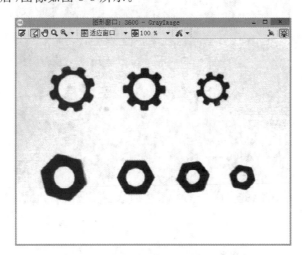

图 8-8　经过灰度处理后的图像

（2）对图像进行阈值处理。

具体程序如下：

```
* 对图像进行阈值处理
threshold(GrayImage,Regions,74,255)
```

执行上述程序后，图像如图 8-9 所示。

（3）对区域进行划分并提取最大的孔洞区域。

具体程序如下：

```
* 对不连续的区域进行分割
connection(Regions,ConnectedRegions)
* 对最大孔洞区域进行提取
select_shape(ConnectedRegions,SelectedRegions,'area','and',2314.81,
117130)
```

执行完上述程序后，图像如图 8-10 所示。

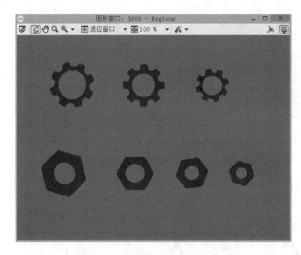

图 8-9　经过阈值处理后的图像

图 8-10　经 select_shape 算子提取后的图像

由图 8-10 可知,程序实现了对最大孔洞区域的提取。

8.1.4　根据特征值创建区域

根据区域的形状特征,可以从区域集合中选择特定的区域。除此之外,Halcon 还可以通过一些算子根据一些区域特征创建新的形状,比如外接圆、外接矩形等。这里以外接圆进行举例。

在 Halcon 中,可以使用 smallest_circle 算子来计算外接圆的中心坐标和外接圆的半径,smallest_circle(Regions:::Row,Column,Radius)算子的详细参数如下:

Regions:要检测的区域;

Row:中心的行坐标;

Column:中心的列坐标;

Radius:外接圆的半径。

下面对一幅含有孔洞的图像生成其外接圆轮廓,具体步骤如下:

(1) 读入含有孔洞的工件图像并进行灰度处理。

具体程序如下:

* 读入含有孔洞的工件图像

read_image(Image,'F:/ring.jpg')

* 对图像进行灰度处理

rgb1_to_gray(Image,GrayImage)

执行完上述程序后,图像如图 8-11 所示。

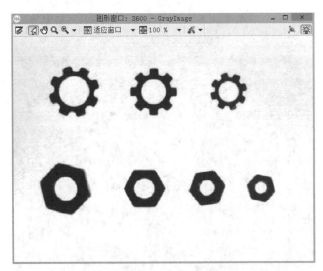

图 8-11　经过灰度处理后的图像

(2) 对图像进行阈值处理并进行划分。

具体程序如下:

* 对图像进行阈值处理

threshold(GrayImage,Regions,0,171)

* 对不连续的区域进行分割

connection(Regions,ConnectedRegions)

执行完上述程序后,图像如图 8-12 所示。

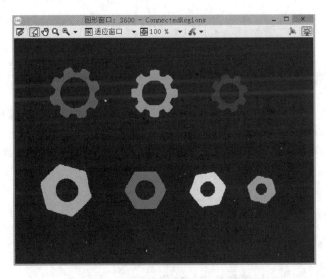

图 8-12　经过阈值处理和分割后的图像

（3）计算外接圆的相关参数并生成外接圆轮廓。

具体程序如下：

* 计算最小外接圆的中心坐标和半径

smallest_circle(ConnectedRegions,Row,Column,Radius)

* 生成外接圆的轮廓

gen_circle_contour_xld(ContCircle,Row,Column,Radius,0,6.28318,'positive',1)

执行完上述程序后，图像如图 8-13 所示。

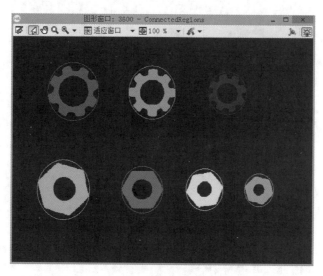

图 8-13　生成外接圆后的图像

由图 8-13 可知，程序生成了各个孔洞图像的外接圆轮廓。

◀ 8.2　基于灰度值的特征 ▶

除了基于形状的特征外，还有基于灰度值的特征，即利用灰度信息表现区域或者图像的特征。

8.2.1　区域的灰度特征值

在 Halcon 中，可以使用 gray_features 算子计算指定区域的灰度特征值。

gray_features(Regions,Image::Features:Value)算子的详细参数如下：

Regions：要检测的区域；

Image：输入的灰度值图像；

Features：特征的名称，包括灰度的最大值、最小值、平均值、面积等；

Value：计算后的特征值。

下面对一幅含孔洞的工件灰度图像提取其中的工件，再对工件图像进行灰度最大值的计算，并显示在图像中。

（1）读取含孔洞的工件灰度图像并进行阈值处理。

具体程序如下：

* 读入含孔洞的工件灰度图像

read_image(Image,'F:/ring_gray.jpg')

* 对图像进行阈值处理，提取工件

threshold(GrayImage,Regions,0,169)

执行完上述程序后，图像如图 8-14 所示。

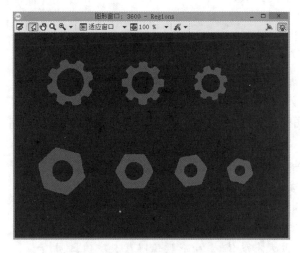

图 8-14　经阈值处理后的图像

（2）计算工件图像的最大灰度值并显示在图像中。

具体程序如下：

* 计算提取后工件图像的最大灰度值

gray_features(Regions,GrayImage,'max',Value)

* 在图像中显示信息

disp_message(3600,'最大灰度:'+ Value,'window',12,12,'black','true')

执行完上述程序后，图像如图 8-15 所示。

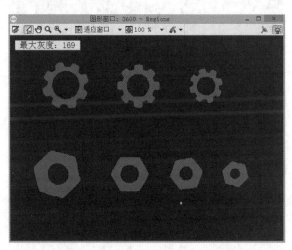

图 8-15　计算最大灰度值后的图像

由图 8-15 可知，程序能够实现对工件的提取并计算其最大的灰度值。

8.2.2 区域的最大、最小灰度值

在 Halcon 中,还可以使用 min_max_gray 算子来计算区域的最大、最小灰度值。
min_max_gray(Regions,Image::Percent:Min,Max,Range)算子的详细参数如下:
Regions:计算灰度值的区域;
Image:灰度值图像;
Percent:低于(高于)绝对最大值(最小值)的百分比;
Min:最小灰度值;
Max:最大灰度值;
Range:最大值和最小值的区间。
下面对灰度工件图像计算其最大灰度值、最小灰度值以及灰度值区间并显示在图像中。
具体程序如下:

```
* 读入含孔洞的工件灰度图像
read_image(Image,'F:/ring_gray.jpg')
* 对图像进行阈值处理,提取工件
threshold(GrayImage,Regions,0,169)
* 计算工件图像的最大灰度值、最小灰度值以及灰度值区间
min_max_gray(Regions,GrayImage,0,Min,Max,Range)
* 将最大灰度值、最小灰度值以及灰度值区间显示在图像中
disp_message(3600,'最大灰度:'+ Max+ ' '+ '最小灰度:'+ Min+ ' '+ '灰度区间:'
+ Range,'window',12,12,'black','true')
```

执行完上述程序后,图像如图 8-16 所示。

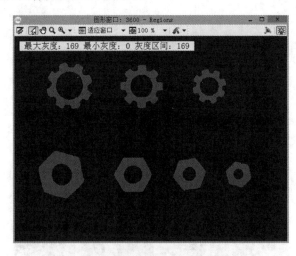

图 8-16 计算相应灰度值参数后的图像

由图 8-16 可知,程序实现了对工件图像的最大灰度值、最小灰度值以及灰度值区间的计算并将其显示在了图像中。

8.2.3 灰度的平均值和偏差

在 Halcon 中,还可以运用 intensity 算子对多个图像的灰度值的平均值和偏差进行计算。

intensity(Regions,Image：：：Mean,Deviation)算子的详细参数如下：

Regions：所需计算特征的区域；

Image：灰度值图像；

Mean：区域的平均灰度值；

Deviation：区域内灰度值的偏差。

下面对灰度工件图像计算其灰度平均值和偏差。

具体程序如下：

```
* 读入含孔洞的工件灰度图像
read_image(Image,'F:/ring_gray.jpg')
* 对图像进行阈值处理,提取工件
threshold(GrayImage,Regions,0,169)
* 计算图像的灰度平均值和偏差
intensity(Regions,GrayImage,Mean,Deviation)
* 将灰度平均值和偏差显示在图像中
disp_message(3600,'灰度平均值:'+ Mean+ ' '+ '灰度值的偏差:'+ Deviation,'
window',12,12,'black','true')
```

执行完上述程序后,图像如图 8-17 所示。

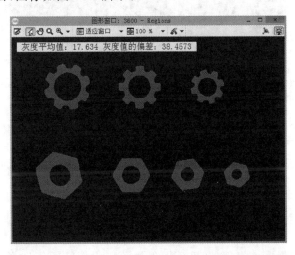

图 8-17 计算灰度平均值和偏差后的图像

由图 8-17 可知,程序实现了对工件图像的灰度平均值和偏差的计算并将其显示在了图像中。

8.2.4 灰度区域的面积和中心

与根据形状特征求面积的方法类似,灰度值图像也可以使用算子直接求出区域的面积和中心。这里以 area_center_gray 算子为例。

area_center_gray(Regions,Image：：：Area,Row,Column)算子的详细参数如下：

Regions：要检测的区域；

Image：灰度值图像；

Area：区域的灰度值体积；

Row：灰度值重心的行坐标；

Column：灰度值重心的列坐标。

下面对灰度工件图像计算其灰度值体积和重心的行列坐标。

具体程序如下：

* 读入含孔洞的工件灰度图像

read_image(Image,'F:/ring_gray.jpg')

* 对图像进行阈值处理，提取工件

threshold(GrayImage,Regions,0,169)

* 计算灰度值体积和重心的行列坐标

area_center_gray(Regions,GrayImage,Area,Row,Column)

执行完上述程序后，图像如图 8-18 所示。

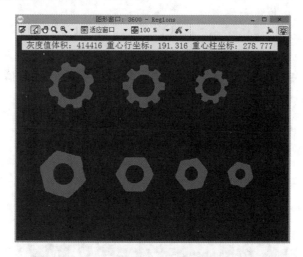

图 8-18   经 area_center_gray 算子计算后的图像

由图 8-18 可知，程序实现了对工件图像的灰度值体积和重心的行列坐标的计算并将其显示在了图像中。

8.2.5   根据灰度特征值选择区域

与根据形状特征选择区域类似，灰度值图像也可以根据特征值选择符合设定条件的区域。在 Halcon 中，可以使用 select_gray 算子来实现根据灰度特征值选择区域。

select_gray(Regions,Image：SelectedRegions：Features,Operation,Min,Max：)算子的详细参数如下：

Regions：要检测的区域；

SelectedRegions：灰度值图像；

Features：特征的名称；

Operation：低于最大绝对灰度值的百分比；

Min：最小的特征值数值；

Max：最大的特征值数值。

下面对灰度工件图像用 select_gray 算子提取图像中灰度值体积最大的工件。

（1）读取含孔洞的工件灰度图像并提取工件。

具体程序如下：

* 读入含孔洞的工件灰度图像

read_image(Image,'F:/ring_gray.jpg')

* 对图像进行阈值处理，提取工件

threshold(GrayImage,Regions,0,169)

执行完上述程序后，图像如图 8-19 所示。

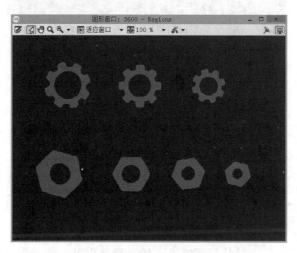

图 8-19　经阈值处理后的图像

（2）对工件进行划分，并提取工件中灰度值体积最大的工件。

* 对各个工件进行划分

connection(Regions,ConnectedRegions)

* 提取灰度工件图像上灰度值体积最大的工件

select_gray(ConnectedRegions,GrayImage,SelectedRegions,'area','and',
76000,100000)

* 显示提取的最大工件

dev_display(SelectedRegions)

执行完上述程序后，图像如图 8-20 所示。

由图 8-20 可知，经 select_gray 算子提取后，可以将工件中灰度值体积最大的工件提取出来。

◀ 8.3　基于图像纹理的特征 ▶

图像的表面纹理特征不同于灰度特征，它不是针对像素点进行计算，而是在包含多个像素点的区域进行统计和分析，反映的是物体表面的一些特性，它可以用来反映物体表面灰度像素的排列情况。

图像的纹理特征一般包括图像的能量、相关性、局部均匀性、对比度等。在 Halcon 中使用灰度共生矩阵来描述这些特征。

图 8-20　经 select_gray 算子提取后的图像

8.3.1　灰度共生矩阵

图像的纹理一般具有重复性,纹理单元往往会以一定的规律出现在图像的不同位置,即使存在一些形变或者方向上的偏差,图像中一定距离之内也往往有灰度一致的像素点,这一特性适合用灰度共生矩阵来实现。

灰度共生矩阵反映的是成对的灰度像素点的一种共生关系。例如在图像上任意取两个点,坐标分别为(x,y)、(m,n),将(x,y)设为原像素,将(m,n)设为原像素偏移一点分量后的像素,这一对像素点的灰度值为(i,j)。

灰度共生矩阵就是表现这一对灰度值(i,j)的取值范围和频率的矩阵,该矩阵的行或者列的维度为原图的灰度等级数。例如原图为二值图像,灰度等级为2,灰度共生矩阵的维度也是2。该矩阵表示图像中间隔为d的两个像素点同时出现的联合概率分布情况。灰度共生矩阵的原理示意图如图8-21所示。

0	2	3	1	3
1	3	0	1	3
3	0	2	1	3

(a) 灰度矩阵

	0	1	2	3
0	0	1	2	0
1	0	0	0	3
2	0	1	0	1
3	2	1	0	0

(b) 灰度统计矩阵

图 8-21　灰度共生矩阵的原理示意图

在图 8-21 中,图 8-21(a)为灰度矩阵;图 8-21(b)为$\theta = 0°$,$d = 1$时的灰度统计矩阵。图 8-21(b)中的坐标为$(2,0)$处的值为0,表示没有灰度是2和0的相邻像素。

灰度共生矩阵是一种概率,因此对图 8-21(b)中的矩阵进行归一化处理成概率,即可得到灰度共生矩阵,该矩阵包括能量、相关性、局部均匀性以及对比度等特征,下面对这些特征进行介绍。

(1)能量:表示灰度共生矩阵中的元素的平方和。能量越大,表示灰度变化比较稳定,反映纹理变化的均匀程度。

（2）相关性：表示纹理在行或列方向的相似程度。相关性越大，相似性越高。

（3）局部均匀性：反映图像局部纹理的变化量。这个值越大，表示图像局部的变化越小。

（4）对比度：表示矩阵的值的差异程度，也间接表现了图像的局部灰度变化幅度。反差值越大，图像中的纹理深浅越明显，表示图像越清晰；反之，则表示图像越模糊。

8.3.2 灰度共生矩阵的创建与计算

在 Halcon 中，用于创建与计算共生矩阵的算子包括 gen_cooc_matrix 算子、cooc_feature_matrix 算子以及 cooc_feature_image 算子。下面分别对这三种算子进行介绍。

1. gen_cooc_matrix 算子

gen_cooc_matrix 算子可以用来创建图像中的共生矩阵，其方向通常取 $0°$、$45°$、$90°$、$135°$。该算子根据输入区域的灰度像素来确定 (i,j) 在某个方向彼此相邻的频率，将该频率存储在共生矩阵中的 (i,j) 位置。最后用出现的次数来归一化该矩阵。

gen_cooc_matrix(Regions, Image: Matrix: LdGray, Direction:) 算子的详细参数如下：

Regions：要检测的区域；

Image：灰度值图像；

Matrix：共生矩阵；

LdGray：要区分的灰度值数量，默认为 6；

Direction：相邻像素的方向，默认为 0。

2. cooc_feature_matrix 算子

cooc_feature_matrix 算子可以根据灰度共生矩阵来计算能量、相关性、局部均匀性和对比度，该算子一般和 gen_cooc_matrix 算子搭配使用。

cooc_feature_matrix(CoocMatrix:::Energy, Correlation, Homogeneity, Contrast) 算子的详细参数如下：

CoocMatrix：灰度共生矩阵；

Energy：能量，表示计算后的灰度值的均匀性；

Correlation：计算后的灰度值的相关性；

Homogeneity：计算后的灰度值的局部均匀性；

Contrast：计算后的灰度值的对比度。

3. cooc_feature_image 算子

cooc_feature_image 算子相当于连续执行 gen_cooc_matrix 算子和 cooc_feature_matrix 算子。但是如果需要对多个方向的灰度共生矩阵进行评估，还是通过 gen_cooc_matrix 算子和 cooc_feature_matrix 算子来计算纹理图像的特征更为有效。

cooc_feature_image(Regions, Image::LdGray, Direction:Energy, Correlation, Homogeneity, Contrast) 算子的详细参数如下：

Regions：要检测的区域；

Image：灰度值图像；

LdGray：要区分的灰度值数量，默认为 6；

Direction：相邻像素的方向，默认为 0。

Energy：能量，表示计算后的灰度值的均匀性；

Correlation：计算后的灰度值的相关性；

Homogeneity：计算后的灰度值的局部均匀性；

Contrast：计算后的灰度值的对比度。

◀ 8.4 实例：提取图像的纹理特征 ▶

本实例对一幅灰度图像的局部区域进行纹理特征的提取，并将相应的纹理特征参数显示在图像中。

具体步骤和程序如下：

（1）读入一幅图像并进行灰度处理。

具体程序如下：

```
* 读入一幅图像
read_image(Image,'F:/board.jpg')
* 对图像进行灰度处理
rgb1_to_gray(Image,GrayImage)
```

执行完上述程序后，图像如图 8-22 所示。

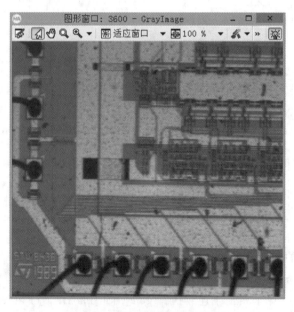

图 8-22 经过灰度处理后的图像

（2）将感兴趣的区域截取为局部区域。

具体程序如下：

```
* 将感兴趣区域生成一块矩形局部区域
gen_rectangle1(ROI_0,145.438,192.578,253.676,342.926)
```

执行完上述程序后，图像如图 8-23 所示。

（3）生成灰度共生矩阵并进行计算。

具体程序如下：

```
* 生成灰度共生矩阵
gen_cooc_matrix(ROI_0,GrayImage,Matrix,6,0)
```

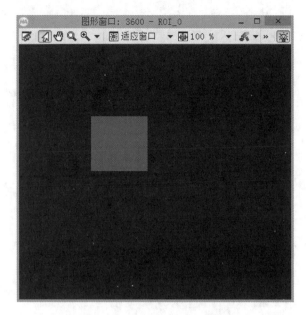

图 8-23　提取的 ROI 区域

* 根据灰度共生矩阵，计算图像的纹理特征

cooc_feature_matrix(Matrix,Energy,Correlation,Homogeneity,Contrast)

执行完上述程序后，计算的相关数据如图 8-24 所示。

控制变量	
Energy	0.020154
Correlation	0.989249
Homogeneity	0.632251
Contrast	2.00512

图 8-24　根据灰度共生矩阵计算的纹理特征

（4）将纹理特征显示在图像中。

具体程序如下：

* 显示能量参数

disp_message(3600,'能量:'+ Energy,'window',12,240,'black','true')

* 显示相关性参数

disp_message(3600,'相关性:'+ Correlation,'window',36,240,'black','true')

* 显示局部均匀性参数

disp_message(3600,'局部均匀性:'+ Homogeneity,'window',60,240,'black','true')

* 显示对比度参数

disp_message(3600,'对比度:'+ Contrast,'window',84,240,'black','true')

执行完上述程序后，图像如图 8-25 所示。

由图 8-25 可知，该块区域的能量很低，说明该局部区域的纹理均匀性比较低；对比度较大，说明该局部区域的灰度变化比较大。

图 8-25　显示纹理特征参数的图像

第 9 章
边缘检测

对于检测目标区域而言,边缘检测也是常用到的一种方法。区域的边缘像素的灰度值往往会发生突变,针对这些跳跃性的突变进行检测和计算,可以得到区域的边缘轮廓,并作为分割图像的依据。本章的重点内容在于像素级边缘提取、亚像素级边缘提取以及亚轮廓处理三个部分。像素级边缘提取包括经典的边缘检测算子、sobel_amp 算子、edges_image 算子以及 laplace_of_gauss 算子四个部分。亚像素级边缘提取包括 edges_sub_pix 算子、edges_color_sub_pix 算子以及 lines_gauss 算子三个部分。亚轮廓处理包括轮廓的生成和轮廓的处理两个部分。

◀ **9.1 像素级边缘提取** ▶

像素级边缘提取就是对颜色边缘的提取。传统的颜色边缘检测方法是使用边缘滤波器,这些滤波器通过寻找较亮和较暗的区域边界像素点的方式提取边缘,这些梯度一般描述为边缘的振幅和方向。通过将边缘振幅高的所有像素选择出来,就完成了区域的边缘轮廓提取。

9.1.1 经典的边缘检测算子

经典的边缘检测算子包括 Sobel 算子、LoG 算子以及 Canny 算子。

1. Sobel 算子

Sobel 算子结合了高斯平滑和微分求导,它是一阶导数的边缘检测算子,使用卷积核对图像中的每个像素点做卷积和运算,然后采用合适的阈值提取边缘。Sobel 算子有两个卷积核,分别对应 x 与 y 两个方向,两个方向的卷积核如图 9-1 所示。

$$\begin{bmatrix} -1 & 0 & +1 \\ -2 & 0 & +2 \\ -1 & 0 & +1 \end{bmatrix} \qquad \begin{bmatrix} -1 & -2 & -1 \\ 0 & 0 & 0 \\ +1 & +2 & +1 \end{bmatrix}$$

(a) x 方向卷积核 　　　　　　(b) y 方向卷积核

图 9-1　Sobel 算子 x、y 方向的卷积核

假设 I 为原始图像,G_x 表示横向边缘检测的图像灰度值,G_y 表示纵向边缘检测的图像灰度值,则 G_x 和 G_y 的公式分别如式(9-1)和式(9-2)所示。

$$G_x = \begin{bmatrix} -1 & 0 & +1 \\ -2 & 0 & +2 \\ -1 & 0 & +1 \end{bmatrix} \times I \qquad (9\text{-}1)$$

$$G_y = \begin{bmatrix} -1 & -2 & -1 \\ 0 & 0 & 0 \\ +1 & +2 & +1 \end{bmatrix} \times I \qquad (9\text{-}2)$$

图像的每一个像素的横向及纵向灰度值通过式(9-3)进行结合来计算该点灰度的大小。

$$G = \sqrt{G_x^2 + G_y^2} \qquad (9\text{-}3)$$

当梯度 G 大于某一阈值时,则认为该点为点 (x,y) 的边缘点。

2. LoG 算子

Laplace 算子是一个二阶导数,其对噪声具有无法接收的敏感性,而且其幅值会产生双边缘,并且其不能检测边缘方向,因此不会直接采用 Laplace 算子进行边缘检测。

为了弥补 Laplace 算子的缺陷,提出了一种 LoG 算子,即在运用 Laplace 算子之前先进行高斯低通滤波,其可以表示为式(9-4)。

$$\nabla^2 \big[G(x,y) * f(x,y) \big] \qquad (9\text{-}4)$$

式(9-4)中:$f(x,y)$ 为图像,$G(x,y)$ 为高斯函数。

高斯函数的表达式如式(9-5)所示。

$$G(x,y) = \frac{1}{2\pi\sigma^2} \exp\left(-\frac{x^2+y^2}{2\sigma^2}\right) \qquad (9\text{-}5)$$

对式(9-5)求其二阶偏导,如式(9-6)所示。

$$\nabla^2 G(x,y) = -\frac{1}{\pi\sigma^4}\left[1 - \frac{x^2+y^2}{2\sigma^2}\right]\exp\left(-\frac{x^2+y^2}{2\sigma^2}\right) \tag{9-6}$$

式(9-6)即为高斯-拉普拉斯算子,简称 LoG 算子。LoG 算子克服了拉普拉斯算子抗噪声能力差的缺点,但也有可能将原有的尖锐的边缘平滑过滤掉了,造成尖锐的边缘无法被检测到。

3. Canny 算子

Canny 算子的基本思想是寻找梯度的局部最大值。首先使用高斯平滑滤波器卷积降噪,再用一对卷积阵列计算边缘梯度和方向,然后使用非极大值抑制移出非边缘线条,最后使用滞后阈值(高阈值和低阈值)检测并连接边缘。

Canny 算子检测步骤如下:

①用高斯滤波器平滑图像,公式如式(9-7)所示。

$$G(x,y) = f(x,y) \times H(x,y) = f(x,y) \times \exp\left(-\frac{x^2+y^2}{2\sigma^2}\right) \tag{9-7}$$

式(9-7)中,$f(x,y)$为图像。

②用一阶偏导的有限差分来计算梯度的幅值和方向。

一阶差分卷积模板如下:

$$H_1 = \begin{vmatrix} -1 & -1 \\ 1 & 1 \end{vmatrix} \quad H_2 = \begin{vmatrix} 1 & -1 \\ 1 & -1 \end{vmatrix}$$

幅值的公式如式(9-8)所示。

$$\varphi(x,y) = \sqrt{[f(x,y)\times H_1(x,y)]^2 + [f(x,y)\times H_2(x,y)]^2} \tag{9-8}$$

方向的公式如式(9-9)所示。

$$\theta_\varphi = \arctan\frac{f(x,y)\times H_2(x,y)}{f(x,y)\times H_1(x,y)} \tag{9-9}$$

③对梯度幅值进行非极大值抑制。

为了确定边缘,需要保留局部梯度最大的点,而抑制非极大值,将极大值点置 0 可以达到细化边缘的目的。

④用双阈值算法检测和连接边缘,即可完成对图像边缘的检测。

9.1.2 sobel_amp 算子

在 Halcon 中,sobel_amp 算子和 sobel_dir 算子都是应用 Sobel 算子来进行边缘检测的。sobel_amp 算子可以用于计算边缘的梯度,sobel_dir 算子可以用于表示边缘的梯度和方向。下面主要对 sobel_amp 算子进行介绍。

sobel_amp(Image:EdgeAmplitude:FilterType,Size:)算子的详细参数如下:

Image:输入图像;

EdgeAmplitude:边缘幅值图像;

FilterType:滤波器类型,默认为 sum_abs;

Size:过滤窗口的大小,默认值为 3。

下面对一幅花朵图像进行边缘检测,具体步骤如下:

(1) 读入一幅花朵图像。

具体程序如下:

* 读入一幅花朵图像

```
read_image(Image,'F:/flower.jpg')
```
执行完上述程序后,图像如图 9-2 所示。

图 9-2　读入的原始图像

(2) 对图像进行灰度处理。

具体程序如下:

```
* 对图像进行灰度处理
rgb1_to_gray(Image,GrayImage)
```
执行完上述程序后,图像如图 9-3 所示。

图 9-3　经灰度处理后的图像

（3）对灰度图像进行边缘检测。

具体程序如下：

* 用 Sobel 算子对图像进行边缘检测

sobel_amp(GrayImage,EdgeAmplitude,'sum_abs',5)

执行完上述程序后，图像如图 9-4 所示。

图 9-4　经 sobel 算子处理后的图像

（4）对图像进行阈值处理，提取边缘并显示。

具体程序如下：

* 对图像进行阈值处理

threshold(EdgeAmplitude,Regions,25,255)

* 显示提取的边缘

dev_display(Regions)

执行完上述程序后，图像如图 9-5 所示。

由图 9-5 可知，该程序能够实现对花朵的边缘检测以及提取。

9.1.3　edges_image 算子

在 Halcon 中，除了 sobel 算子以外，还可以通过 edges_image 算子来实现基于 canny、deriche、lanser 等算子的边缘检测。

edges_image(Image:ImaAmp,ImaDir:Filter,Alpha,NMS,Low,High:)算子的详细参数如下：

Image：输入图像；

ImaAmp：输出的边缘振幅图像；

ImaDir：输出的图像边缘的方向；

Filter：滤波器的选择，默认为 canny；

图 9-5　经阈值处理后的图像

Alpha：滤波参数，参数越小，平滑效果越好，但细节会减少；

NMS：非极大值抑制，默认值为 nms；

Low：滞后阈值的下限阈值；

High：滞后阈值的上限阈值。

下面对一幅花朵图像进行边缘检测，具体步骤如下：

（1）读入花朵图像并进行灰度处理。

具体程序如下：

```
* 读入花朵图像
read_image(Image,'F:/flower.jpg')
* 对图像进行灰度处理
rgb1_to_gray(Image,GrayImage)
```

执行完上述程序后，图像如图 9-6 所示。

（2）对图像进行边缘检测。

具体程序如下：

```
* 使用 canny 算子对图像进行边缘检测
edges_image(GrayImage,ImaAmp,ImaDir,'canny',1,'nms',20,40)
```

执行完上述程序后，图像如图 9-7 所示。

（3）对图像进行阈值处理，提取边缘。

具体程序如下：

```
* 对图像进行阈值处理并提取边缘
threshold(ImaDir,Regions,0,179)
```

执行完上述程序后，图像如图 9-8 所示。

（4）对图像进一步细化。

具体程序如下：

图 9-6　经灰度处理后的图像

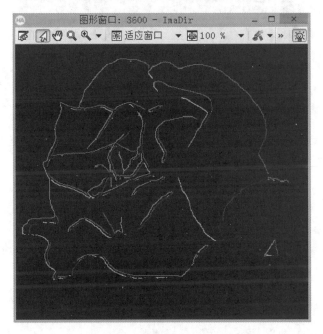

图 9-7　经 canny 算子边缘检测后的图像

* 对图像进行进一步细化

skeleton(Regions,Skeleton)

* 显示细化后的图像

dev_display(Skeleton)

执行完上述程序后,图像如图 9-9 所示。

由图 9-9 可知,程序可以实现对花朵图像的边缘提取。

图 9-8　经阈值处理后的图像

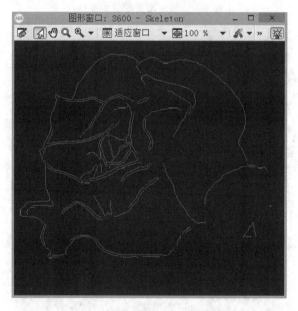

图 9-9　进一步细化后的图像

9.1.4　laplace_of_gauss 算子

由于图像中一般会存在噪声,而拉普拉斯算子对噪声比较敏感,因此需要配合使用图像的平滑操作。高斯-拉普拉斯算法将高斯的低通滤波器和拉普拉斯算子进行了结合,弥补了拉普拉斯算子的不足。

在 Halcon 中,可以使用 laplace_of_gauss 算子实现该算法。

laplace_of_gauss(Image:ImageLaplace:Sigma:)算子的详细参数如下:

Image:输入图像;

ImageLaplace:输出的拉普拉斯过滤后的图像;

Sigma：高斯函数的平滑参数，默认值为 2。

下面对一幅花朵图像进行边缘检测，具体步骤如下：

（1）读入图像并进行灰度处理。

具体程序如下：

```
* 读入花朵图像
read_image(Image,'F:/flower.jpg')
* 对图像进行灰度处理
rgb1_to_gray(Image,GrayImage)
```

执行完上述程序后，图像如图 9-10 所示。

图 9-10　经灰度处理后的图像

（2）使用 laplace_of_gauss 算子进行边缘检测。

具体程序如下：

```
* 使用高斯-拉普拉斯算子进行边缘检测
laplace_of_gauss(GrayImage,ImageLaplace,1)
```

执行完上述程序后，图像如图 9-11 所示。

（3）对图像的颜色进行反转，通过阈值提取边缘。

具体程序如下：

```
* 对图像颜色反转
invert_image(ImageLaplace,ImageInvert)
* 对反转后的图像进行阈值处理，提取边缘
threshold(ImageInvert,Regions,1,127)
* 显示提取的边缘
dev_display(Regions)
```

执行完上述程序后，图像如图 9-12 所示。

（4）对图像进一步细化。

具体程序如下：

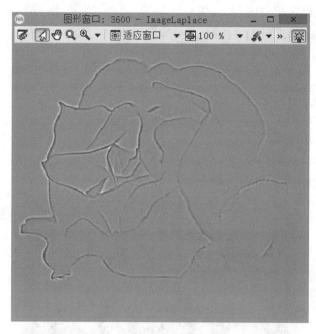

图 9-11　经 laplace_of_gauss 算子边缘检测后的图像

图 9-12　阈值处理后的图像

* 对图像进行进一步细化

skeleton(Regions,Skeleton)

* 显示细化后的图像

dev_display(Skeleton)

执行完上述程序后,图像如图 9-13 所示。

由图 9-13 可知,程序能够实现对花朵边缘的提取,但是图像中存在一些杂点。

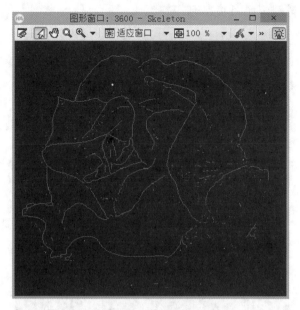

图 9-13 进一步细化后的图像

◀ 9.2 亚像素级边缘提取 ▶

一般描述图像最基本的单位是像素,但实际的工程中可能需要比一个像素宽度更小的精度,因此就有了亚像素级精度的概念。在 Halcon 中用 XLD 表示亚像素的轮廓和多边形。

9.2.1 edges_sub_pix 算子

常用的提取亚像素轮廓的算子是 edges_sub_pix 算子,该算子提供多种提取方法,只需要在滤波器参数中设置方法的名字就可以完成边缘的提取。

edges_sub_pix(Image:Edges:Filter,Alpha,Low,High:)算子的详细参数如下:

Image:输入图像;

Edges:提取的边缘;

Filter:滤波器的选择,默认为 canny;

Alpha:滤波参数,数值越小,平滑效果越好,细节越少;

Low:滞后阈值的下限值;

High:滞后阈值的上限值。

下面对一幅花朵图像进行边缘检测,具体步骤如下:

(1) 读入图像并进行灰度处理。

具体程序如下:

```
* 读入花朵图像
read_image(Image,'F:/flower.jpg')
* 对图像进行灰度处理
rgb1_to_gray(Image,GrayImage)
```

执行完上述程序后,图像如图 9-14 所示。

图 9-14　经灰度处理后的图像

(2)用 edges_sub_pix 算子对图像进行边缘检测。

具体程序如下:

```
* 使用 edges_sub_pix 算子对图像进行边缘检测
edges_sub_pix(GrayImage,Edges,'canny',1.5,5,40)
* 显示边缘图像
dev_display(Edges)
```

执行完上述程序后,图像如图 9-15 所示。

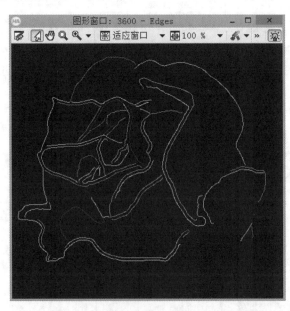

图 9-15　经 edges_sub_pix 算子边缘检测后的图像

由图 9-15 可知,edges_sub_pix 算子能够清晰地将花朵的边缘检测出来。

9.2.2 edges_color_sub_pix 算子

在 Halcon 中，可以针对彩色多通道图像进行边缘检测，其使用的算子为 edges_color_sub_pix 算子。

edges_color_sub_pix(Image:Edges:Filter,Alpha,Low,High:)算子的详细参数如下：

Image：输入图像；

Edges：提取的边缘；

Filter：滤波器的选择，默认为 canny；

Alpha：滤波参数，数值越小，平滑效果越好，细节越少；

Low：滞后阈值的下限值；

High：滞后阈值的上限值。

下面对一幅花朵图像进行边缘检测，具体步骤如下：

(1) 读入一幅花朵图像。

具体程序如下：

```
* 读入一幅花朵图像
read_image(Image,'F:/flower.jpg')
```

执行完上述程序后，图像如图 9-16 所示。

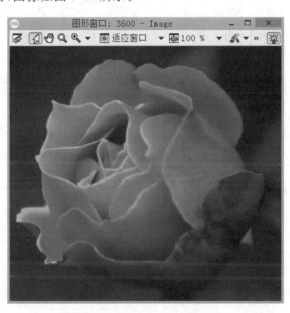

图 9-16　读入的彩色原始图像

(2) 使用 edges_color_sub_pix 算子对图像进行边缘检测并显示。

具体程序如下：

```
* 使用 edges_color_sub_pix 对图像进行边缘检测
edges_color_sub_pix(Image,Edges,'canny',1.5,5,40)
* 显示检测到的边缘
dev_display(Edges)
```

执行完上述程序后，图像如图 9-17 所示。

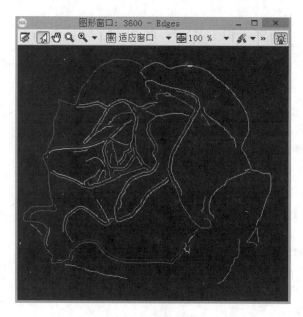

图 9-17　检测到的边缘

通过对比图 9-16 和图 9-17 可知,在相同参数下,edges_color_sub_pix 算子相较于 edges_sub_pix 算子能够检测到更多的边缘信息。

9.2.3　lines_gauss 算子

在 Halcon 中,还可以使用 lines_gauss 算子提取边缘线段,所提取的线段类型是亚像素精度的 XLD 轮廓。

lines_gauss (Image:Lines:Sigma,Low,High,LightDark,ExtractWidth,LineModel,CompleteJunctions:)算子的详细参数如下:

Image:输入图像;

Lines:提取的线段;

Sigma:被应用的高斯平滑量,默认值为 1.5;

Low:滞后阈值的下限值;

High:滞后阈值的上限值;

LightDark:提取明亮的线还是暗黑的线,默认是明亮的线;

ExtractWidth:提取线宽选择位,默认提取;

LineModel:线条模型,用于修正线条的位置和宽度,默认是棒状;

CompleteJunctions:在无法提取的地方是否添加连接,默认是连接。

(1) 读入图像并进行灰度处理。

具体程序如下:

```
* 读入花朵图像
read_image(Image,'F:/flower.jpg')
* 对图像进行灰度处理
rgb1_to_gray(Image,GrayImage)
```

执行完上述程序后,图像如图 9-18 所示。

图 9-18　经灰度处理后的图像

（2）使用 lines_gauss 算子对图像进行边缘检测并显示。

具体程序如下：

`* 使用 lines_gauss 算子对图像进行边缘检测`

`lines_gauss(GrayImage,Lines,1,1,8,'light','true','bar-shaped','true')`

`* 显示边缘图像`

`dev_display(Lines)`

执行完上述程序后，图像如图 9-19 所示。

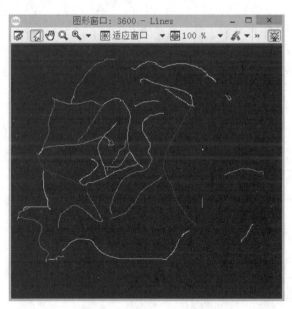

图 9-19　边缘检测后的图像

由图 9-19 可知，lines_gauss 算子相较于其他算子来说，其提取的边缘效果没有其他算子理想。

9.3 亚轮廓处理

9.3.1 轮廓的生成

在 Halcon 中,轮廓的生成方式有很多,包括前文介绍的 edges_sub_pix 算子、edges_color_sub_pix 算子以及 lines_gauss 算子,只是这些算子所应用的场合不同。

对于灰度图像而言,其轮廓生成算子包括 edges_sub_pix 算子、lines_gauss 算子等。

对于彩色图像而言,其轮廓生成算子包括 edges_color_sub_pix 算子、lines_color 算子等。

这些边缘或者线条提取算子输出的除了 XLD 轮廓外,还会返回一些表示属性的特征值。这些属性特征与轮廓的整体或者其控制节点密切相关。这些属性可以通过 gen_contour_attrib_xld 算子或者 gen_contour_global_attrib_xld 算子来进行访问。如果是线条属性,可以使用 query_contour_attrib_xld 算子或者 query_contour_global_attrib_xld 算子对给定的轮廓进行查询。

9.3.2 轮廓的处理

轮廓的处理包括轮廓的分割、轮廓的筛选以及轮廓的连接。下面对这三点分别进行介绍。

1. 轮廓的分割

在一些测量任务中,有时不需要对整个轮廓进行分析,只需要对局部的一段轮廓进行分析,此时就需要对轮廓进行分割。在 Halcon 中,可以使用 segment_contours_xld 算子来对轮廓进行分割。

segment_contours_xld(Contours:ContoursSplit:Mode,SmoothCont,MaxLineDist1,MaxLineDist2:)算子的详细参数如下:

Contours:要分割的轮廓;

ContoursSplit:分割后的轮廓;

Mode:轮廓分割的模式,默认是 lines_circles;

SmoothCont:用于平滑轮廓的点的数量,默认为 5;

MaxLineDist1:轮廓线与近似线之间的最大距离(第一次迭代),默认为 4;

MaxLineDist2:轮廓线与近似线之间的最大距离(第二次迭代),默认为 2。

下面对一幅工件图像的轮廓进行分割,具体步骤如下:

(1) 读取一幅工件图像并进行灰度图像。

具体程序如下:

```
* 读取一幅工件图像
read_image(Image,'F:/ring.jpg')
* 将图像进行灰度处理
rgb1_to_gray(Image,GrayImage)
```

执行完上述程序后,图像如图 9-20 所示。

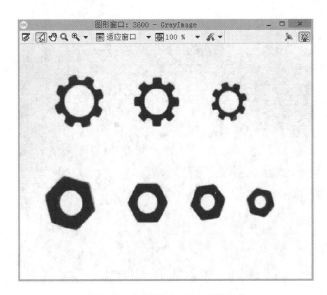

图 9-20   经过灰度处理后的图像

（2）对图像进行边缘检测。

具体程序如下：

* 对图像进行边缘检测

```
edges_sub_pix(GrayImage,Edges,'canny',1,20,40)
```

执行完上述程序后，图像如图 9-21 所示。

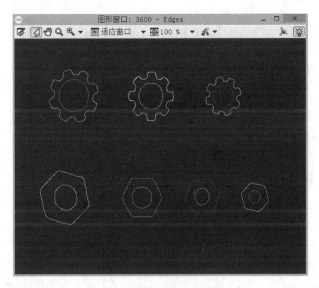

图 9-21   经边缘检测后的图像

（3）对图像轮廓进行分割。

具体程序如下：

* 对图像的轮廓进行分割

```
segment_contours_xld(Edges,ContoursSplit,'lines_circles',5,4,2)
```

执行完上述程序后，图像如图 9-22 所示。

由图 9-22 可知，图像轮廓被分割成了很多份，图中每一种颜色表示一段轮廓。

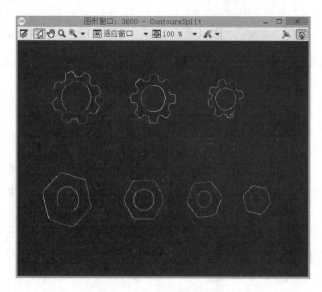

图 9-22　轮廓分割后的图像

2. 轮廓的筛选

在 halcon 中,轮廓的筛选可以使用 select_contours_xld 算子来完成。

select_contours_xld(Contours:SelectedContours:Feature,Min1,Max1,Min2,Max2;)算子的详细参数如下:

Contours:输入 XLD 轮廓;

SelectedContours:被选择的输出 XLD 轮廓;

Feature:选择轮廓的特征,默认为轮廓长度;

Min1:轮廓的较低阈值,默认为 0.5;

Max1:轮廓的较高阈值,默认为 200;

Min2:轮廓的较低阈值,默认为-0.5;

Max2:轮廓的较高阈值,默认为 0.5;

下面对图 9-22 进行轮廓筛选,具体程序如下:

* 用轮廓的长度对图 9-22 进行筛选

```
select_contours_xld(ContoursSplit,SelectedContours,'contour_length',45,
200,- 0.5,0.5)
```

执行完上述程序后,图像如图 9-23 所示。

由图 9-23 可知,经过筛选后,图像中部分经过分割的轮廓已经被去掉了。

3. 轮廓的连接

在 Halcon 中,可以使用 union_adjacent_contours_xld 算子来进行轮廓连接。

union_ adjacent _ contours _ xld (Contours:UnionContours:MaxDistAbs, MaxDistRel, Mode;)算子的详细参数如下:

Contours:输入的 XLD 轮廓;

UnionContours:输出的 XLD 轮廓;

MaxDistAbs:轮廓终点的最大值距离,默认值为 10;

MaxDistRel:轮廓终点的最大值距离与更长轮廓的相对距离,默认值为 1;

Mode:描述轮廓特征的模式。

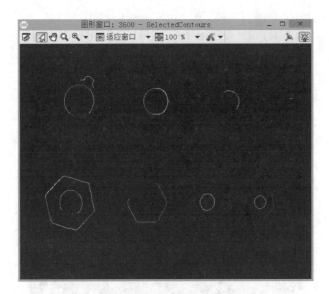

图 9-23 轮廓筛选后的图像

下面对图 9-23 进行轮廓连接,具体程序如下:

```
* 对轮廓进行连接
union_adjacent_contours_xld(SelectedContours,UnionContours,10,1,'attr_
keep')
```

执行完上述程序后,图像如图 9-24 所示。

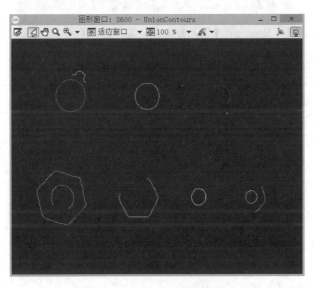

图 9-24 经轮廓连接后的图像

由图 9-24 可知,相邻的被分割的轮廓被连接在了一起,同一个颜色表示一个轮廓。

◀ 9.4 实例:对图像实现边缘检测并提取轮廓 ▶

本实例是对一幅花朵图像实现边缘检测并提取轮廓,具体步骤如下:

（1）读取一幅花朵图像并进行灰度处理。

具体程序如下：

* 读取一幅花朵图像

read_image(Image,'F:/flower.jpg')

* 对图像进行灰度处理

rgb1_to_gray(Image,GrayImage)

执行完上述程序后，图像如图 9-25 所示。

图 9-25　经灰度处理后的图像

（2）对图像进行边缘检测。

具体程序如下：

* 对图像进行边缘检测

edges_sub_pix(GrayImage,Edges,'canny',1.5,5,40)

执行完上述程序后，图像如图 9-26 所示。

（3）对图像轮廓进行分割。

由图 9-26 可知，图像中存在一些多余的线段，为了过滤掉多出的线段需要对图像轮廓进行分割。

具体程序如下：

* 分割图像轮廓

segment_contours_xld(Edges,ContoursSplit,'lines_circles',5,4,2)

执行完上述程序后，图像如图 9-27 所示。

（4）将分割后的轮廓合并，形成新的轮廓。

具体程序如下：

* 对轮廓进行合并

union_adjacent_contours_xld(ContoursSplit,UnionContours,10,1,'attr_keep')

执行完上述程序后，图像如图 9-28 所示。

图 9-26　经边缘检测后的图像

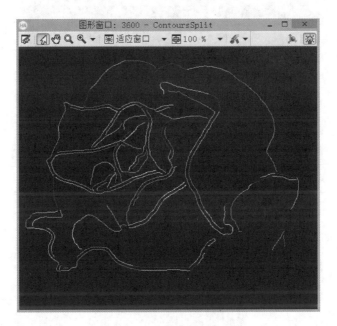

图 9-27　经轮廓分割后的图像

（5）筛选图像轮廓，去掉多余的线段。

由图 9-28 可知，多余线段的长度比较短，因此根据线段长度即可滤除多余的线段。

具体程序如下：

* 筛选图像轮廓，去除多余线段

select_contours_xld(UnionContours,SelectedContours,'contour_length',58,
2000,- 0.5,0.5)

执行完上述程序后，图像如图 9-29 所示。

图 9-28　经轮廓合并后的图像

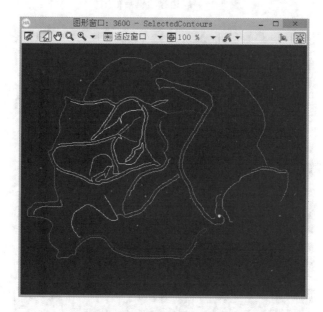

图 9-29　经筛选轮廓后的图像

（6）显示图像轮廓。

具体程序如下：

* 设置轮廓颜色为红色

dev_set_color('red')

* 显示图像轮廓

dev_display(SelectedContours)

执行完上述程序后，图像如图 9-30 所示。

由图 9-30 可知，经过上述程序处理后的图像轮廓更加的精细和平滑，能够很好地反映真实图像的轮廓。

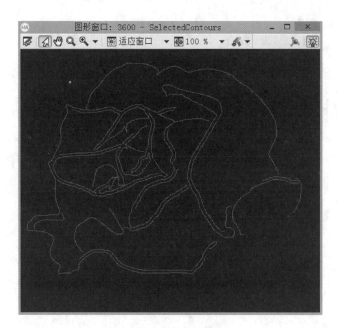

图 9-30 提取的图像轮廓

第 10 章
模板匹配

　　模板匹配指的是通过模板图像与测试图像之间的比较,找到测试图像上与模板图像相似的部分,这是通过计算模板图像与测试图像中目标的相似度来实现的,可以快速地在测试图像中定位出预定义的目标。本章的重点内容在于模板匹配的种类、图像金字塔、模板图像的创建以及模板匹配的步骤四个部分。模板匹配的种类包括基于灰度值的模板匹配、基于相关性的模板匹配、基于形状的模板匹配三个部分。模板图像的创建包括从参考图像的特定区域中创建模板、使用 XLD 轮廓创建模板两个部分。模板匹配的步骤包括基于灰度值的模板匹配、基于相关性的模板匹配、基于形状的模板匹配、优化匹配速度和使用 Halcon 匹配助手进行匹配五个部分。

◀ 10.1 模板匹配的种类 ▶

10.1.1 基于灰度值的模板匹配

基于灰度值的模板是最早提出来的模板匹配算法,该算法的根本思想是通过计算模板图像与检测图像之间的像素灰度差值的绝对值总和或者平方差总和。常见的基于灰度值的模板匹配包括平均绝对差算法(MAD 算法)、绝对误差和算法(SAD 算法)、误差平方和算法(SSD 算法)、平均误差平方和算法(MSD 算法)。

1. 平均绝对差算法(MAD 算法)

MAD 算法是一种匹配精度高,运算量较大,对噪声非常敏感的算法。该算法是先计算搜索图像和模板图像之间的像素灰度差值的绝对值总和,计算完成后再对其求平均值。

设 S 为搜索图像,$T(x,y)$ 是 $M \times N$ 的模板图像,$D(i,j)$ 是平均绝对差。该算法的基本思路是在搜索图像 S 中,以 (i,j) 为左上角,取 $M \times N$ 大小的子图,遍历整个搜索图像,在所有能找到的子图中找到与模板图像最相似的图像,其公式如式(10-1)所示。

$$D(i,j) = \frac{1}{M \times N} \sum_{s=1}^{M} \sum_{t=1}^{N} |S(i+s-1,j+t-1) - T(s,t)| \tag{10-1}$$

式(10-1)中,$1 \leqslant i \leqslant m-M+1, 1 \leqslant j \leqslant n-N+1$。

$D(i,j)$ 平均绝对差越小,表明子图与模板图像越相似。

2. 绝对误差和算法(SAD 算法)

SAD 算法和上面的 MAD 算法基本一致,只是相似度测量公式有些改动,即没有对像素灰度差值的绝对值总和取平均值。

设 S 为搜索图像,$T(x,y)$ 是 $M \times N$ 的模板图像,$D(i,j)$ 是绝对误差和。该算法的基本思路是在搜索图像 S 中,以 (i,j) 为左上角,取 $M \times N$ 大小的子图,遍历整个搜索图像,在所有能找到的子图中找到与模板图像最相似的图像,其公式如式(10-2)所示。

$$D(i,j) = \sum_{s=1}^{M} \sum_{t=1}^{N} |S(i+s-1,j+t-1) - T(s,t)| \tag{10-2}$$

式(10-2)中,$1 \leqslant i \leqslant m-M+1, 1 \leqslant j \leqslant n-N+1$。

$D(i,j)$ 绝对误差和越小,表明子图与模板图像越相似。

3. 误差平方和算法(SSD 算法)

SSD 算法是将搜索图像和模板图像之间的像素灰度差值的绝对值总和进行了平方运算。

设 S 为搜索图像,$T(x,y)$ 是 $M \times N$ 的模板图像,$D(i,j)$ 是误差平方和。该算法的基本思路是在搜索图像 S 中,以 (i,j) 为左上角,取 $M \times N$ 大小的子图,遍历整个搜索图像,在所有能找到的子图中找到与模板图像最相似的图像,其公式如式(10-3)所示。

$$D(i,j) = \sum_{s=1}^{M} \sum_{t=1}^{N} [S(i+s-1,j+t-1) - T(s,t)]^2 \tag{10-3}$$

式(10-3)中,$1 \leqslant i \leqslant m-M+1, 1 \leqslant j \leqslant n-N+1$。

$D(i,j)$ 误差平方和越小,表明子图与模板图像越相似。

4. 平均误差平方和算法(MSD 算法)

MSD 算法是在 SSD 算法的基础上进行了平均值运算。

设 S 为搜索图像，$T(x,y)$ 是 $M \times N$ 的模板图像，$D(i,j)$ 是平均误差平方和。该算法的基本思路是在搜索图像 S 中，以 (i,j) 为左上角，取 $M \times N$ 大小的子图，遍历整个搜索图像，在所有能找到的子图中找到与模板图像最相似的图像，其公式如式(10-4)所示。

$$D(i,j) = \frac{1}{M \times N} \sum_{s=1}^{M} \sum_{t=1}^{N} [S(i+s-1, j+t-1) - T(s,t)]^2 \tag{10-4}$$

式(10-4)中，$1 \leqslant i \leqslant m-M+1, 1 \leqslant j \leqslant n-N+1$。

$D(i,j)$ 平均误差平方和越小，表明子图与模板图像越相似。

10.1.2 基于相关性的模板匹配

基于相关性的模板匹配可直接用于在一幅图像中寻找某种子图像。假设图像 $f(x,y)$ 的大小为 $M \times N$，子图像 $w(x,y)$ 的大小为 $J \times K$，f 与 w 的相关性可表示为式(10-5)。

$$c(x,y) = \sum_{s=0}^{K} \sum_{t=0}^{J} w(s,t) f(x+s, y+t) \tag{10-5}$$

式(10-5)中，$x=0,1,\cdots,N-K, y=0,1,\cdots,M-J$。

计算相关性 $c(x,y)$ 的过程就是在图像 $f(x,y)$ 中逐点地移动子图像 $w(x,y)$，使 w 的原点和点 (x,y) 重合，然后计算 w 与 f 中被 w 覆盖的图像区域对应像素的乘积之和，以此计算结果作为相关图像 $c(x,y)$ 在点 (x,y) 的响应。

相关性可用于在图像 $f(x,y)$ 中找到子图像 $w(x,y)$ 匹配的所有位置。实际上，当 w 移过整幅图像 f 之后，最大的响应点 (x_0,y_0) 即为最佳匹配的左上角点。此时，可以通过设定一个阈值，认为大于该阈值的点均是可能的匹配位置。

相关性的计算是通过将图像元素和子模型图像元素联系起来获得的，将相关元素相乘后累加。子图像 w 可以视为一个按行或按列存储的向量 $\vec{b}$，将计算过程中被 w 覆盖的图像区域视为另一个按照同样的方式存储的向量 $\vec{a}$。这样，相关性计算就变为了点积运算。

两个向量的点积如式(10-6)所示。

$$\vec{a} \cdot \vec{b} = |\vec{a}| |\vec{b}| \cos\theta \tag{10-6}$$

式(10-6)中，θ 为向量 $\vec{a}、\vec{b}$ 之间的夹角。当两个向量平行时，取得最大值，那么当图像的局部区域类似于子图像模式时，相关运算产生最大的响应。由于式(10-6)的取值还与两个向量的模有关，这将导致计算的相关响应对 f 和 w 的灰度幅值比较敏感。因此，需要通过归一化来解决这个问题。

经归一化处理后的匹配相关计算公式如式(10-7)所示。

$$r(x,y) = \frac{\sum_{s=0}^{K} \sum_{t=0}^{J} w(s,t) f(x+s, y+t)}{\left[\sum_{s=0}^{K} \sum_{t=0}^{J} w^2(s,t) \cdot \sum_{s=0}^{K} \sum_{t=0}^{J} f^2(x+s, y+t) \right]^{1/2}} \tag{10-7}$$

经归一化处理后的公式计算的是两个向量的夹角余弦值，其只和图像模式本身的形状或纹理有关，与幅值(亮度)无关。

10.1.3 基于形状的模板匹配

基于形状的模板匹配，也称为基于边缘方向梯度的匹配，是一种最常用也最前沿的模板匹配算法。该算法以物体边缘的梯度相关性作为匹配标准，原理是提取 ROI 中的边缘特征，结合灰度信息创建模板，并根据模板的大小和清晰度的要求生成多层级的图像金字塔模型。接着在图像金字塔层中自上而下逐层搜索模板图像,直到搜索到最底层或得到确定的匹配结果为止。

该方法使用边缘特征定位物体,对于很多干扰因素不敏感,如光照和图像的灰度变化,甚至可以支持局部边缘缺失、杂乱场景、噪声、失焦和轻微形变的模型。更进一步说,它甚至可以支持多个模板同步进行搜索。但是,在搜索过程中,如果目标图像发生大的旋转或缩放,则会影响搜索的结果,因为不适用于旋转和缩放比较大的情况。

◀ 10.2 图像金字塔 ▶

在 Halcon 的模板匹配过程中基本都用到了图像金字塔。图像金字塔是按照一定的排列顺序显示的一系列图像信息,包括原始图像和不同尺寸下的采样图像,其示意图如图 10-1 所示。

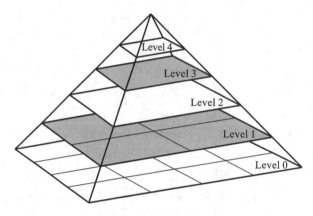

图 10-1　图像金字塔示意图

为了提高匹配效率,一般只用一个图像金字塔,它包括原图下的各种采样版本。这一系列图像从大到小、自下而上构成了一个塔状模型,原始图像为最底层。每一层图像包含的信息和细节程度都不相同。这样创建好的模型在匹配的时候,可以在不同的金字塔层级中进行图像搜索。采用金字塔采样算法进行形状模板匹配的过程如下。

(1) 确定金字塔的层级数,这取决于要寻找的目标,还要保证金字塔最上层的目标图像结构清晰。一般来说,计算公式如式(10-8)所示。

$$n = \log_2\{\min(M,N)\} - t, t \in [0, \log_2\{M,N\}] \tag{10-8}$$

式(10-8)中,M,N 为图像的原始尺寸;t 为塔顶图像最小维数的对数。

(2) 通过采样创建每层级的金字塔图像,由于一般会出现图像锯齿,因此还需要使用平滑滤波器对图像进行处理。

(3) 从金字塔的最顶层开始进行匹配。这个过程就是计算模板与 ROI 图像的相似性值,可以选择的相似度量准则有 SAD(绝对值总和)、SSD(平方差总和)、NCC(归一化相关)等,其中NCC 效果最好,能适应光照变化。

(4) 得到匹配的候选区域后,将这个结果映射到下一层,即直接将找到的匹配点的位置坐标乘以 2,下一层的匹配搜索就在这个区域内进行。将找到的结果区域按同样的方法向下映射,直到找不到目标对象或者到达金字塔的最底层。

◀ **10.3 模板图像的创建** ▶

10.3.1 从参考图像的特定区域中创建模板

模板匹配的第一步,是准备好合适的模板。模板一般来源于参考图像,在后续的模板匹配中将根据这个模板在检查图像上寻找目标。可以利用 ROI 创建图像模板。ROI 的选择既关系到生成模板的质量,也关系到搜索的准确度,ROI 的形状、大小、方向等都是影响因素。但是,有的匹配方法也可以使用 XLD 轮廓作为模板。

在创建图像模板时,需要先明确要进行匹配的目标对象,再围绕该目标创建 ROI 以屏蔽掉目标以外的其他区域图像。这是为了在搜索模板时,只检测经过裁剪的 ROI 图像,以把范围缩小到局部关键区域,可以大大减少搜索时间。

在 Halcon 中,可以使用 create_template 算子对模板进行创建。

create_template(Template::FirstError,NumLevel,Optimize,GrayValues:TemplateID)算子的详细参数如下:

Template:输入图像,需要创建模板的区域;

FirstError:无效;

NumLevel:金字塔层的最大数目,默认为 4;

Optimize:优化,默认为排序;

GrayValues:灰度值的种类;

TemplateID:模板数字;

下面以从信用卡图像中创建一个模板图像为例,具体步骤如下:

(1) 读取一幅信用卡图像并进行灰度处理。

具体程序如下:

* 读取一幅信用卡图像

read_image(Image,'F:/credit_card.png')

* 对图像进行灰度处理

rgb1_to_gray(Image,GrayImage)

执行完上述程序后,图像如图 10-2 所示。

(2) 创建一个 ROI 区域。

这里对"VISA"字样创建一个 ROI 区域。

具体程序如下:

* 生成一个矩形

gen_rectangle1(ROI_0,403.5,590.5,472.5,778.5)

执行完上述程序后,图像如图 10-3 所示。

(3) 将 ROI 区域从灰度图像中截取出来并创建一个模板。

具体程序如下:

* 将 ROI 区域从灰度图像中截取出来

reduce_domain(GrayImage,ROI_0,ImageReduced)

图 10-2　经灰度处理后的图像

图 10-3　创建的 ROI 区域

* 创建一个模板

create_template(ImageReduced,255,4,'sort','original',TemplateID)

执行完上述程序后,图像如图 10-4 所示。

10.3.2　使用 XLD 轮廓创建模板

对于某些匹配方式而言,除了使用图像区域创建模板外,还可以使用 XLD 轮廓创建模板,例如基于相关性的模板匹配、基于形状的模板匹配等。

在 Halcon 中,可以使用 create_shape_model_xld 算子对 XLD 轮廓进行模板创建。

create_shape_model_xld(Contours:: NumLevels,AngleStart,AngleExtent,AngleStep, Optimization,Metric,MinContrast:ModelID)算子的详细参数如下:

Contours:输入轮廓,将要创建模板的轮廓;

NumLevels:金字塔最大数量;

AngleStart:模板的最小旋转,默认值为 -0.39;

AngleExtent:旋转角度的范围,默认值为 0.79;

图 10-4 创建的模板图像

AngleStep：角度步长，默认值为 auto；

Optimization：优化，默认值为 auto；

Metric：匹配度量；

MinContrast：搜索图像中目标的最小对比度，默认值为 5；

ModelID：模型的句柄。

下面以从图 10-4 中提取"VISA"的轮廓并创建模板为例，具体步骤如下：

(1) 对图像进行阈值处理。

具体程序如下：

* 对图 10-4 进行阈值处理

```
threshold(ImageReduced,Regions,79,255)
```

执行完上述程序后，图像如图 10-5 所示。

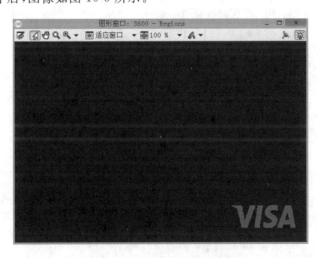

图 10-5 经阈值处理后的图像

(2) 生成 XLD 轮廓并创建模板。

具体程序如下：

* 生成 XLD 轮廓

```
gen_contour_region_xld(Regions,Contours,'border')
```

* 以 XLD 轮廓创建模板

create_shape_model_xld(Contours,'auto',- 0.39,0.79,'auto','auto','ignore_local_polarity',5,ModelID)

执行完上述程序后,图像如图 10-6 所示。

图 10-6　创建 XLD 轮廓模板

利用 create_shape_model_xld 算子创建的模板,在检测时,需要使用 find_shape_model 算子来搜索符合条件的轮廓区域。

◀ 10.4　模板匹配的步骤 ▶

10.4.1　基于灰度值的模板匹配

基于灰度值的模板匹配适用于图像内灰度变化比较稳定,噪声比较少,且灰度差异比较明显的检测目标。这是一种不太推荐的匹配方法,因为该方法复杂度高,一次只能检测一个目标,并且对光照和尺寸变化十分敏感。

在 Halcon 中,可以使用 best_match_mg 算子进行基于灰度值的模板匹配。

best_match_mg(Image::TemplateID,MaxError,SubPixel,NumLevels,WhichLevels:Row,Column,Error)算子的详细参数如下:

Image:输入的图像;

TemplateID:模板数字;

MaxError:灰度值的最大平均差,默认为 30;

SubPixel:在"true"情况下的子像素的精确性,默认为"false";

NumLevels:使用分辨率的级别数目,默认为 4;

WhichLevels:使用"最佳匹配"方法的分辨率级别,默认值为 2;

Row:最佳匹配的行位置;

Column:最佳匹配的列位置;

Error:最佳匹配中灰度值的平均散度。

下面对信用卡的"VISA"字样进行模板匹配,具体的步骤如下:

(1) 读入信用卡图片并进行灰度处理。

具体程序如下:

* 读取一幅信用卡图像

read_image(Image,'F:/credit_card.png')

* 对图像进行灰度处理

rgb1_to_gray(Image,GrayImage)

执行完上述程序后,图像如图 10-7 所示。

图 10-7　经灰度处理后的图像

(2) 选取感兴趣区域并创建模板。

具体程序如下:

* 生成一个矩形

gen_rectangle1(ROI_0,403.5,590.5,472.5,778.5)

* 将 ROI 区域从灰度图像中截取出来

reduce_domain(GrayImage,ROI_0,ImageReduced)

* 创建一个模板

create_template(ImageReduced,255,4,'sort','original',TemplateID)

执行完上述程序后,模板图像如图 10-8 所示。

(3) 在灰度图像中进行模板匹配。

具体程序如下:

* 在灰度图像中进行模板匹配

best_match_mg(GrayImage,TemplateID,30,'false',4,'all',Row,Column,Error)

* 在最佳匹配区域上生成矩形框

gen_rectangle2_contour_xld(Rectangle,Row,Column,0,90,32)

* 清除模板

clear_template(TemplateID)

执行完上述程序后,图像如图 10-9 所示。

由图 10-9 可知,通过基于灰度的模板匹配,可以将"VISA"的字样识别出来。

图 10-8　创建的模板图像

图 10-9　模板匹配后的图像

10.4.2　基于相关性的模板匹配

基于相关性的模板匹配也是一种基于灰度特征的匹配方法。该方法使用一种基于行向量的归一化互相关匹配法,在检测图像中匹配模板图像。与基于灰度值的匹配相比,该方法速度快得多,并且能够适应线性光照变化。与基于形状的模板匹配相比,该方法能适用于有大量纹理的模板,支持有轻微形变的搜索,能弥补形状模板在某些方面的不足。

在 Halcon 中,基于相关性的模板匹配主要用到两个算子,分别是创建模板算子 create_ncc _model 算子和模板匹配算子 find_ncc_model 算子。

1. create_ncc_model 算子

create_ncc_model(Template::NumLevels,AngleStart,AngleExtent,AngleStep,Metric: ModelID)算子的详细参数如下:

Template:输入将用于创建模板的图像;

NumLevels:金字塔最大数量,默认值为 auto;

AngleStart:图形的最小旋转,默认值为−0.39;

AngleExtent：旋转角度的范围，默认值为 0.79；

AngleStep：角度步长，默认值为 auto；

Metric：匹配度量；

ModelID：模板句柄。

2. find_ncc_model 算子

find_ncc_model(Image:：ModelID, AngleStart, AngleExtent, MinScore, NumMatches, MaxOverlap, SubPixel, NumLevels:Row, Column, Angle, Score)算子的详细参数如下：

Image：输入可以找到模板的图像；

ModelID：模板句柄；

AngleStart：模板的最小旋转，默认值为−0.39；

AngleExtent：旋转角度的范围，默认值为 0.79；

MinScore：被找到的模板实例的最小得分，默认值为 0.8；

NumMatches：要找到的模板实例数量，默认值为 1；

MaxOverlap：要找到的模板实例的最大重叠数，默认值为 0.5；

SubPixel：是否用亚像素精度，默认值为 true；

NumLevels：在匹配中使用的金字塔级别的数量，默认值为 0；

Row：模板实例的行坐标；

Column：模板实例的列坐标；

Angle：模板实例的旋转角度；

Score：模板实例的得分。

下面对一幅回形针图像中所有的回形针进行模板匹配，具体步骤如下：

（1）读入一幅回形针图像并对所用的数值进行初始化。

具体程序如下：

```
* 设置绘制矩形框的角度
Rot:= rad(44.6782)
* 设置 π 的数值
pi:= acos(0.0)×2
* 设置要查找的回形针数量
num:= 13
* 读入回形针图像
read_image(Image,'F:/clip.jpg')
```

执行完上述程序后，图像如图 10-10 所示。

（2）选取感兴趣区域并创建模板。

具体程序如下：

```
* 创建一个感兴趣区域 ROI
gen_rectangle2(ROI_0,61.0036,93.1028,rad(38.6782),56.2367,18.8949)
* 将 ROI 从原图中截取出来
reduce_domain(Image,ROI_0,ImageReduced)
* 以截取出来的图像创建模板
create_ncc_model(ImageReduced,'auto',- pi,2* pi,'auto','use_polarity',
ModelID)
```

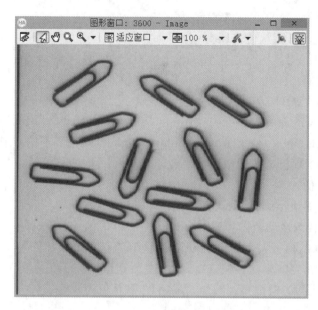

图 10-10　读入的回形针图像

执行完上述程序后,图像如图 10-11 所示。

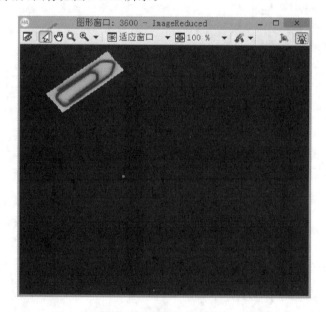

图 10-11　创建的模板图像

(3)用 NCC 算法进行模板匹配并将图像进行显示。

具体程序如下:

* 用 NCC 算法进行模板匹配

find_ncc_model(Image,ModelID, - pi,2 * pi,0. 75,num,0. 5, 'true',0,Row,
Column,Angle,Score)

* 进入循环,将 NCC 算法找到的匹配图像进行显示

for Index:= 0 to num- 1 by 1

* 根据匹配图像的参数生成矩形框

```
gen_rectangle2_contour_xld(Rectangle,Row[Index],Column[Index],Angle
[Index]- Rot,19,54)
    Endfor
```

* 释放模板资源

```
clear_ncc_model(ModelID)
```

执行完上述程序后,图像如图 10-12 所示。

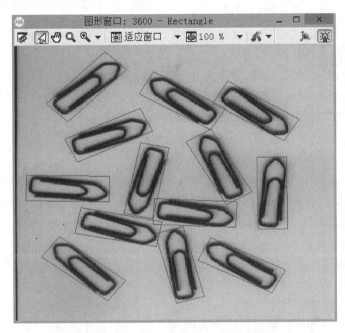

图 10-12　基于相关性模板匹配完成后的图像

由图 10-12 可知,基于相关性模板匹配可以将原始图像中所有的回形针进行识别并标记。

10.4.3　基于形状的模板匹配

基于形状的模板匹配,就是使用目标对象的轮廓形状来描述模板。

在 Halcon 中,基于形状的模板匹配主要用到两个算子,分别是创建模板算子 create_shape
_model 算子和模板匹配算子 find_shape_model 算子。

1. create_shape_model 算子

create _ shape _ model (Template∷NumLevels,AngleStart,AngleExtent,AngleStep,
Optimization,Metric,Contrast,MinContrast∷ModelID)算子的详细参数如下:

Template:输入将要创建模板的图像;

NumLevels:金字塔最大数量,默认值为 auto;

AngleStart:图形的最小旋转,默认值为−0.39;

AngleExtent:旋转角度的范围,默认值为 0.79;

AngleStep:角度步长,默认值为 auto;

Optimization:用于生成模板的优化方法,默认值为 auto;

Metric:匹配度量;

Contrast:模板图像中对象对比度的阈值或滞后阈值;

MinContrast：搜索图像中对象的最小对比度；

ModelID：模板句柄。

2．find_shape_model 算子

find_shape_model（Image：：ModelID，AngleStart，AngleExtent，MinScore，NumMatches，MaxOverlap，SubPixel，NumLevels，Greediness：Row，Column，Angle，Score）算子的详细参数如下：

Image：输入可以找到模板的图像；

ModelID：模板句柄；

AngleStart：模板的最小旋转，默认值为－0.39；

AngleExtent：旋转角度的范围，默认值为 0.79；

MinScore：被找到的模板实例的最小得分，默认值为 0.5；

NumMatches：要找到的模板实例数量，默认值为 1；

MaxOverlap：要找到的模板实例的最大重叠数，默认值为 0.5；

SubPixel：是否用亚像素精度，默认值为 true；

NumLevels：在匹配中使用的金字塔级别的数量，默认值为 0；

Greediness："贪婪"搜索模式，默认为 0.9，数值越小搜索越慢但稳定性升高，数值越大搜索越快但稳定性降低，范围为 0～1 之间。

Row：模板实例的行坐标；

Column：模板实例的列坐标；

Angle：模板实例的旋转角度；

Score：模板实例的得分。

下面对一幅回形针图像中所有的回形针进行模板匹配，具体步骤如下：

（1）读入一幅回形针图像并对所用的数值进行初始化。

具体程序如下：

```
* 设置 π 的数值
pi:= acos(0.0)×2
* 设置要查找的回形针数量
num:= 13
* 读入回形针图像
read_image(Image,'F:/clip.jpg')
```

执行完上述程序后，图像如图 10-13 所示。

（2）选取感兴趣区域并创建模板。

具体程序如下：

```
* 创建一个感兴趣区域 ROI
gen_rectangle2(ROI_0,59.0511,93.1028,rad(40.3166),54.3189,17.0014)
* 将 ROI 从原图中截取出来
reduce_domain(Image,ROI_0,ImageReduced)
* 以截取出来的图像创建模板
create_shape_model(ImageReduced,'auto',- pi,2* pi,'auto','auto','use_
polarity','auto','auto',ModelID)
```

执行完上述程序后，图像如图 10-14 所示。

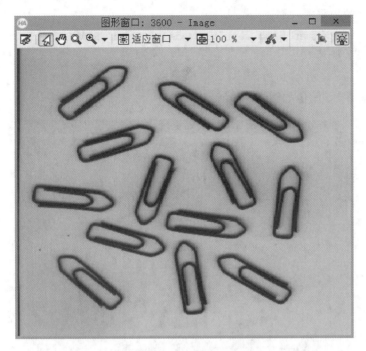

图 10-13　读入的回形针图像

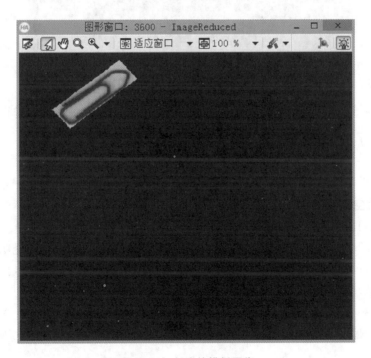

图 10-14　创建的模板图像

（3）对原始图片进行模板匹配，找到所有的回形针并显示。

具体程序如下：

*用基于形状的模板匹配进行形状匹配

find_shape_model(Image,ModelID,- pi,2* pi,0.75,num,0.5,'least_squares',
0,0.9,Row,Column,Angle,Score)

```
* 显示匹配后的图像
dev_display_shape_matching_results(ModelID,'red',Row,Column,Angle,1,1,0)
* 释放形状模板资源
clear_shape_model(ModelID)
```

执行完上述程序后，图像如图10-15所示。

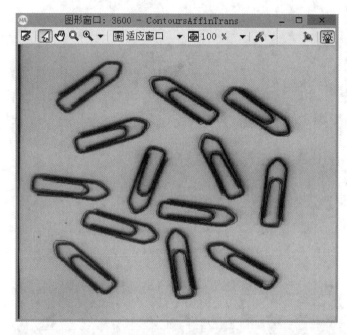

图 10-15　形状模板匹配完成后的图像

由图 10-15 可知，基于形状的模板匹配可以将原始图像中所有的回形针进行识别并标记。

10.4.4　优化匹配速度

优化匹配速度可以从两个方面入手，分别是缩小搜索空间和使用图像下采样。

1. 缩小搜索空间

缩小搜索空间即减少搜索空间的范围，具体形式取决于匹配的方式。搜索空间的含义不仅包括二维图像的两个维度，也包括其他的搜索参数，如旋转角度、缩放倍率、透明度等。从这些搜索参数入手，尽可能精简搜索条件，匹配的速度也会得到一定的提升；反之，搜索的参数范围越大，搜索过程就越耗时。

最常见的缩小搜索空间的方法，是在搜索图像上设置搜索的 ROI。这是一种直接的精简方法，缩小了搜索的像素范围。对于搜索目标占整幅图的比例比较小的图像，这种方法提高速度的效果十分明显。

除了 ROI 分割这种最常用的缩小搜索空间的方法之外，其他缩小搜索空间的方法取决于对应的匹配方法。以形状匹配为例，这种匹配方式可以处理图像中带有旋转、缩放以及部分遮挡的情况。因此，如果要加快搜索速度，可以对旋转和缩放的范围、允许遮挡的比例进行约束。还可以在形状模板参数中修改模板参数，如增大 MinContrast 的值可以减少匹配时间。因为排除了一些对比度比较低的点，所以会减少一部分搜索内容。

但是，过高的对比度值也会造成低亮度区域的缺失，因此某些情况下，适当地降低对比度值会增加匹配准确率。但是如果对比度太低,匹配过程会把不相关的轮廓也包含进来,从而导致识别效率降低。

此外,使用较小的模板也能加快匹配的速度。但是,尺寸较小的模板不如较大的模板容易识别,因为小的模板里缺少很多关键性的特征信息,因此在匹配的时候难度会变大。

2. 使用图像下采样

下采样主要针对在匹配过程中应用了图像金字塔的模板匹配。

下采样原理:假设图像金字塔层级数为 s,对于一幅尺寸为 $M \times N$ 的原始图像进行 s 倍的下采样,即得到 $(M/s) \times (N/s)$ 尺寸的分辨率图像。因此,当金字塔的层级很高时,尺寸小的原图会很快变得细节难辨。因此,原图的尺寸和金字塔的层级数都会影响模板匹配的速度。

除此之外,点的对比度也会在下采样中影响匹配的效率。对比度是衡量目标与背景图像之间局部灰度差异的值。如果一个图像有足够大的尺寸和足够高的点的对比度,那么即使下采样到了金字塔顶层,该图像仍然容易被识别。但是如果图像的对比度很低,则很容易在下采样过程中和背景图像混淆。因此,如果要提高匹配效率,需要有足够高的对比度。

10.4.5 使用 Halcon 匹配助手进行匹配

除了使用程序对图像进行模板匹配外,还可以使用 Halcon 匹配助手进行匹配。具体步骤如下。

1. 打开匹配助手

在菜单栏单击"助手",选择"打开新的 Matching",如图 10-16 所示。

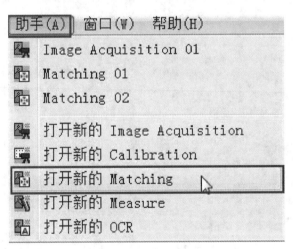

图 10-16　打开匹配助手

2. 设置模板匹配参数

模板匹配设置参数窗口如图 10-17 所示。

如图 10-17 所示,在菜单栏中可以选择匹配方式,在文件栏中可以输入要检测图像的路径,在模板感兴趣区域中可以绘制模板区域。在模板匹配设置参数窗口中,将这三个参数设置完成后,即可生成相应的程序代码。

3. 生成程序代码

将模板匹配设置参数窗口切换至"代码生成"栏,单击"插入代码",即可完成程序代码的生成,如图 10-18 所示。

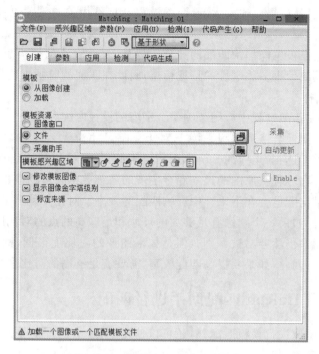

图 10-17　模板匹配设置参数窗口

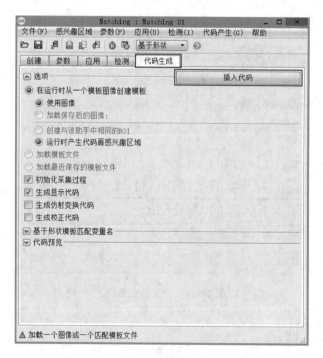

图 10-18　代码生成窗口

◀ 10.5　实例:叠层区域的形状匹配 ▶

在实际应用中,有时检测的区域是堆叠起来的,下面对一个叠层区域进行形状匹配,具体步骤如下：

（1）读入一幅叠层区域图像。

具体程序如下：

* 设置 π 的数值

pi:= acos(0.0)×2

* 设置要查找的形状数量

num:= 3

* 读入一幅叠层区域图像

read_image(Image,'F:/greendot.jpg')

执行完上述程序后，图像如图 10-19 所示。

图 10-19　读入的叠层图像

（2）创建感兴趣区域 ROI。

下面要对图 10-19 中的箭头和圆圈进行模板匹配，故以圆圈的形式生成 ROI 区域。

具体程序如下：

* 以圆圈的形式生成 ROI 区域

gen_circle(ROI_0,361.582,293.312,83.2912)

执行完上述程序后，图像如图 10-20 所示。

（3）创建形状模板。

具体程序如下：

* 将 ROI 区域从原始图像中截取出来

reduce_domain(Image,ROI_0,ImageReduced)

* 创建形状模板

create_scaled_shape_model(ImageReduced,5,- pi,2* pi,'auto',0.2,2,'auto', 'auto','use_polarity','auto','auto',ModelID)

执行完上述程序后，图像如图 10-21 所示。

（4）在原始图像中进行模板匹配并显示。

具体程序如下：

图 10-20　创建的 ROI 区域

图 10-21　创建的形状模板

＊以创建的形状模板进行模板匹配

find_shape_model(Image,ModelID,- pi,2* pi,0.1,num,0.5,'least_squares',0, 0.9,Row,Column,Angle,Score)

＊显示匹配完成后的图像

dev_display_shape_matching_results(ModelID,'red',Row,Column,Angle,1,1, 0)

执行完上述程序后,图像如图 10-22 所示。

由图 10-22 可知,经过形状模板匹配后,可以将目标图形全部识别并标记出来。

图 10-22　模板匹配后的图像

第 11 章
图像分类

　　图像分类就是将某个对象指定给一组类型的过程,通过分类可以判断目标物的等级。本章的重点内容在于对分类器的介绍、特征的分类两个部分。分类器的介绍包括分类的基础知识、MLP 分类器、SVM 分类器、GMM 分类器、k-NN 分类器、分类器的选择、特征和训练样本的选择等七个部分。特征分类包括分类步骤、MLP 分类器、SVM 分类器、GMM 分类器以及 k-NN 分类器五个部分。

◀ 11.1 分 类 器 ▶

分类是指提前设置好若干个类别,然后将一个目标对象根据某种特征划分到某个类别中去,这些特征可能是颜色、尺寸、纹理或某个指定的形状。为了能够正确分类,需要知道分类的边界条件,而这些边界条件往往是通过训练得到。在训练样本后,当检测某种未知的目标对象时,则会返回该对象对应的匹配分数最高的类别,从而完成分类。

11.1.1 分类的基础知识

分类器的作用是将目标对象指定给多个类别中的一个。做出分类的决策前,需要先了解不同的类别之间有什么共同特征,又有什么特征是某个类别独有的,这些特征可以通过分析样本对象的典型特征来获得。

特征参数存储在特征向量中,又称特征空间。特征空间的维度取决于特征的种类,一般来说,特征空间的维度可以很高。但是,如果维度过高,也会使分类问题变得复杂。而要区分物体类别,往往仅依赖关键的几个特征。所以,可以去除不重要的特征,以尽量减少特征空间的维度。为了显示方便,常常只绘制其中两维特征。

在使用二维的坐标轴表示特征空间时,常用一个轴表示一种特征。不同类别的目标的特征值以点的形式显示在这样的坐标空间中。分类器就是一条将这些点区分开来的线,它可以使坐标空间中的点都能有明确的分类。但有时二维分类还不足以区分物体,容易造成误判,这种情况下就需要用更多的样本来训练或者增加其他特征。

在 Halcon 中提供了不同的分类器,包括基于神经网络的 MLP 分类器、基于支持向量机的SVM 分类器、基于高斯混合模型的 GMM 分类器以及基于 k 近邻的 k-NN 分类器。根据不同的需求,可以选择不同的分类器来分类。

图像分类的一般流程如下。

(1) 准备一组已知属于同一类别的样本图像,从每个样本对象中提取一组特征,并且存储在一个特征向量中。

(2) 创建分类器。

(3) 用样本的特征向量训练一个分类器。在训练过程中,用分类器计算出属于某个类型的边界条件。

(4) 对目标对象进行检测,获取待检测对象的特征向量。

(5) 分类器根据训练得到的类别的边界条件判断检测对象的特征属于哪个分类。

(6) 清除分类器。

总体来说,针对特定的分类任务,需要选择一组合适的特征、分类器以及训练样本。

11.1.2 MLP 分类器

MLP 是一种基于神经网络的动态分类器。MLP 分类器使用神经网络来推导能将类别区分开来的超平面。使用超平面进行分割,如果只有两个类别,超平面会将各特征向量分为两类。如果类别的数量不止两个,就应选择与特征向量距离最大的那个超平面作为分类平面。神经网络可能是单层的,也可能是多层的。如果特征向量不是线性可分的,则可以使用更多层的神经网络。多层神经网络示意图如图 11-1 所示。

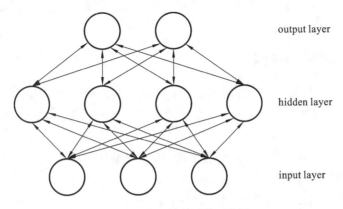

output layer

hidden layer

input layer

图 11-1　多层神经网络示意图

如图 11-1 所示,多层神经网络的典型结构是一层输入单元层、一层或多层隐藏节点层以及一层输出单元层。理论上如果隐藏层的节点数足够多,那么就只需一层隐藏层就可以解决所有分类问题。

在神经网络的每一个节点或者说处理单元内,都有算子根据前一层的计算结果来计算特征向量的线性相关关系。MLP 分类器可以用于通用特征的分类、图像分割等。

11.1.3　SVM 分类器

SVM 表示支持向量机,其是在统计学习理论的基础上发展起来的新一代学习算法,它在文本分类、手写识别、图像分类、生物信息学等领域中有较好的应用。相比于容易过度拟合训练样本的人工神经网络而言,支持向量机对于未见过的测试样本具有更好的分类能力。

SVM 的原理就是选中一条线或者一个超平面,将所有特征向量分为两个类别。SVM 分类器的示意图如图 11-2 所示。

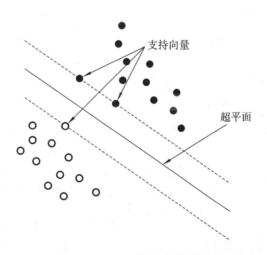

支持向量

超平面

图 11-2　SVM 分类器示意图

如图 11-2 所示,当超平面一侧最近的点到超平面的距离,与超平面另一侧最近的点到超平面的距离相等,那么这个超平面就是要找的分割面。支持向量就是某一侧所有点中到超平面的距离最小的点。SVM 适用于二分类,如果特征向量是非线性的,无法被一个超平面分开,那么还可以将这些特征向量转移到更高维的空间中,并在新的维度中寻找能进行线性分割的超平面。

11.1.4　GMM 分类器

GMM 分类器就是高斯混合模型分类器。高斯模型就是用高斯概率分布曲线,即正态分布曲线来量化概率的一种表达方式。其可以使用不止一条概率分布曲线,比如使用 k 条,表示特征向量的 k 种分类。

对某幅图像进行建模后得到高斯混合模型,再用当前图像中的点与高斯混合模型进行匹配。如果匹配成功,则这个点是背景点,否则就是前景点。总体来说,GMM 分类器对每个类使用概率密度函数,并且表示为高斯分布的线性组合。

GMM 分类器对于低维度的特征分类比较高效,一般用于一般特征分类和图像分割。其最典型的应用是图像分割和异常检测,尤其是异常检测,如果一个特征向量不属于任何一个提前训练过的分类,该特征将被拒绝。

11.1.5　k-NN 分类器

k-NN 分类器是一个简单但是功能非常强大的分类器,能够存储所有训练集中的数据和分类,并且对于新的样本也能基于其邻近的训练数据进行分类。这里的 k 表示与待测目标最邻近的 k 个样本,这 k 个样本中的大多数样本属于哪一类,则待测目标就属于哪一类。k-NN 分类器示意图如图 11-3 所示。

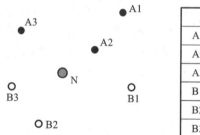

	距离
A1	2.2
A2	0.8
A3	1.6
B1	1.8
B2	1.5
B3	1.1

图 11-3　k-NN 分类器

如图 11-3 所示,需要判断 N 的分类。当 k 为 1 时,则离 N 点最近的点的分类就是 N 点的分类,离 N 点最近的点是 A2,那么 N 会被分类到 A 类别。但是当 k 取更大的值时,就要进行具体分析了,例如当 k 为 3 时,则会判断离 N 最近的三个点,即 A2、B3、B2。从数量上看,B 类更多,那么 N 会被分类到 B 类别。

k-NN 分类器虽然简单,但是其效果很好。它是直接针对训练数据进行判断的,而且有新的未被训练的样本在判断后也会被加入训练集,成为样本的一部分。

11.1.6　分类器的选择

在多数情况下,可以应用 MLP、SVM、GMM 以及 k-NN 分类器来进行分类。下面对它们各自的特点进行介绍。

(1) MLP 分类器:分类速度快,但是训练速度慢,对内存的要求低,支持多维特征空间,特别适合需要快速分类并且支持离线训练的场景,但不支持缺陷检测。

(2) SVM 分类器:分类检测的速度快,当向量维度低时速度最快,但比 MLP 分类器慢,尽管其训练速度比 MLP 分类器快得多。其对内存的占用取决于样本的数量,若有大量的样本,则分类器会变得十分庞大。

(3) GMM 分类器:训练速度和检测速度都很快,特别是类别较少时速度非常快,支持异常检测,但不适用于高维度特征检测。

(4) k-NN 分类器:训练速度非常快,分类速度比 MLP 分类器慢,适合缺陷检测和多维度特征分类,但对内存的需求较高。

除了分类器外,特征和训练样本的选择也会影响到分类结果,当分类结果不理想时,可以考虑调整这两个因素。如果训练样本中已经包含了目标对象的全部相关特征,但分类结果仍然不理想,那么可以考虑换一个分类器。

11.1.7　特征和训练样本的选择

特征的选择主要取决于检测的对象以及分类的要求。

对于一般的分类来说,特征向量可以是区域特征,或者颜色、纹理等,这些都可以通过阈值处理、颜色处理等方法来获得。

对于图像分割来说,用来做分割的特征可以是像素的灰度值、颜色通道或者纹理图像,并不需要将这些特征一个个明确地计算出来,有些分割算子可以自动进行分割操作,如阈值处理等。

如果目标对象适合用区域特征进行分类,那么可以选择区域特征相关的算子;如果适合用纹理特征进行分类,可以考虑用纹理特征算子进行提取纹理信息。

以上是特征的选择,下面来介绍训练样本的选择。

分类就是将具有某些相同特征的对象划分到一起的过程。同一类的特征数据必然有某种相似性,但又有其特异性。为了学习这些相似性和特异性,分类器需要一些有代表性的样本,这些样本不仅要表现出属于该类别的明显特征,也要体现出该类别中的多样性,应尽可能包含多的稍有变化的样本。如果只包含"标准"的样本,那么检测中如果遇到不那么"标准"的对象,就可能导致无法分类。因此,样本中应有在一定范围内变化的样本。

如果实在没有办法获得大量的训练样本,也可以用其他方式进行弥补。第一种方式是复制原有的数据,并在其中的关键特征上做轻微的改动,然后将改动后的数据加入训练样本集中。第二种方式是缩小范围,适用于训练样本数量不足的情况。

◀ 11.2　特征的分类 ▶

11.2.1　一般步骤

对于特征分类而言,不管使用哪种分类器,其分类步骤都是类似的。如果分类效果不理想,可以换为其他分类器,并调节相应算子的参数即可。

特征分类的一般步骤如下:

(1) 明确有哪些类别,并根据类别收集合适的图像作为样本数据集;

(2) 创建分类器;

（3）获取明确了类别的样本的特征向量；

（4）将这些样本按分类序号添加到分类器中；

（5）训练分类器；

（6）保存分类器；

（7）获取未知分类的被测对象的特征向量，这些特征向量应当是之前训练分类器时使用过的特征向量；

（8）对被测对象的特征向量进行分类；

（9）从内存中清除分类器，释放资源。

11.2.2　MLP 分类器

在 Halcon 中，MLP 分类器主要用到了 create_class_mlp 算子、add_samples 算子、train_class_mlp 算子、classify 算子以及 clear_class_mlp 算子。下面对这些算子进行介绍。

1. create_class_mlp 算子

create_class_mlp 算子的作用是创建一个 MLP 分类器。

create_class_mlp（:: NumInput，NumHidden，NumOutput，OutputFunction，Preprocessing，NumComponents，RandSeed: MLPHandle）算子的详细参数如下：

NumInput：MLP 的输入变量的数量，默认值为 20；

NumHidden：MLP 的隐藏单元数，默认值为 10；

NumOutput：MLP 的输出变量的数量，默认值为 5；

OutputFunction：MLP 输出层中激活函数的类型，默认值为 softmax；

Preprocessing：用于转换特征向量的预处理类型；

NumComponents：转换后的特征个数，默认值为 10；

RandSeed：用于用随机值初始化 MLP 的随机数生成器的种子值，默认值为 42；

MLPHandle：MLP 句柄。

2. add_samples 算子

add_samples 算子是用来将样本添加到 MLP 分类器。

add_samples（Regions::MLPHandle，Class:）算子的详细参数如下：

Regions：要提取特征的区域；

MLPHandle：MLP 句柄；

Class：特征的类。

3. train_class_mlp 算子

train_class_mlp 算子是用于对样本进行训练。

train_class_mlp（::MLPHandle，MaxIterations，WeightTolerance，ErrorTolerance: Error，ErrorLog）算子的详细参数如下：

MLPHandle：MLP 句柄；

MaxIterations：最大迭代次数，默认值为 200；

WeightTolerance：阈值为 MLP 的权值之差的两个迭代之间的优化算法；

ErrorTolerance：阈值为 MLP 对训练数据的平均误差在优化算法的两次迭代之间的差异；

Error：MLP 对训练数据的平均误差；

ErrorLog：MLP 对训练数据的平均误差作为优化算法迭代次数的函数。

4. classify 算子

classify 算子是用于对未知对象进行 MLP 分类的。

classify(Regions:;MLPHandle:Classes)算子的详细参数如下：

Regions：要提取特征的区域；

MLPHandle：MLP 句柄；

Class：特征的类。

5. clear_class_mlp 算子

clear_class_mlp 算子是用于释放分类器的。

clear_class_mlp(::MLPHandle:)算子的详细参数如下：

MLPHandle：MLP 句柄。

11.2.3　SVM 分类器

在 Halcon 中，SVM 分类器和 MLP 分类器类似，其常用到的算子包括 create_class_svm 算子、add_sample_class_svm 算子、train_class_svm 算子、classify_class_svm 算子以及 clear_class _svm 算子。

1. create_class_svm 算子

create_class_svm 算子用于创建一个 SVM 分类器。

create_class_svm(::NumFeatures,KernelType,KernelParam,Nu,NumClasses,Mode, Preprocessing,NumComponents:SVMHandle)算子的详细参数如下：

NumFeatures：支持向量机的输入变量个数，默认值为 10；

KernelType：内核类型，默认为 rbf；

KernelParam：内核函数的附加参数，默认值为 0.02。

Nu：支持向量机的正则化常数，默认值为 0.05；

NumClasses：类的数量，默认值为 5；

Mode：支持向量机的模式；

Preprocessing：用于转换特征向量的预处理类型；

NumComponents：转换后的特征个数，默认值为 10；

SVMHandle：SVM 句柄。

2. add_sample_class_svm 算子

add_sample_class_svm 算子用于添加样本到 SVM 分类器中。

add_sample_class_svm(::SVMHandle,Features,Class:)算子的详细参数如下：

SVMHandle：SVM 句柄；

Features：存储的训练样本的特征向量；

Class：要存储的训练样本的类。

3. train_class_svm 算子

train_class_svm 算子用于训练样本。

train_class_svm(::SVMHandle,Epsilon,TrainMode:)算子的详细参数如下：

SVMHandle：SVM 句柄；

Epsilon：训练的停止参数，默认值为 0.001；

TrainMode：训练模式。

4. classify_class_svm 算子

classify_class_svm 算子用于对未知对象进行 SVM 分类。

classify_class_svm(∷SVMHandle,Features,Num∷Class)算子的详细参数如下：

SVMHandle：SVM 句柄；

Features：特征向量；

Num：要确定的最佳类的数量，默认值为 1；

Class：利用支持向量机对特征向量进行分类。

5. clear_class_svm 算子

clear_class_svm 算子用于释放 SVM 分类器。

clear_class_svm(∷SVMHandle∷)算子的详细参数如下：

SVMHandle：SVM 句柄。

11.2.4 GMM 分类器

在 Halcon 中，GMM 分类器和其他分类器类似，其常用到的包括 create_class_gmm 算子、add_sample_class_gmm 算子、train_class_gmm 算子、classify_class_gmm 算子以及 clear_class_gmm 算子。

1. create_class_gmm 算子

create_class_gmm 算子用于创建一个 GMM 分类器。

create_class_gmm(∷NumDim,NumClasses,NumCenters,CovarType,Preprocessing,NumComponents,RandSeed∷GMMHandle)

NumDim：特征空间的维数，默认值为 3；

NumClasses：GMM 的类别数，默认值为 5；

NumCenters：每个类的中心数量，默认值为 1；

CovarType：协方差矩阵的类型；

Preprocessing：用于转换特征向量的预处理类型；

NumComponents：转换后的特征个数，默认值为 10；

RandSeed：用于用随机值初始化 GMM 的随机数生成器的种子值，默认值为 42；

GMMHandle：GMM 句柄。

2. add_sample_class_gmm 算子

add_sample_class_gmm 算子用于将样本加入 GMM 分类器中。

add_sample_class_gmm(∷GMMHandle,Features,ClassID,Randomize∷)算子的详细参数如下：

GMMHandle：GMM 句柄；

Features：存储的训练样本的特征向量；

ClassID：要存储的训练样本的类；

Randomize：在训练数据中加入高斯噪声的标准差。

3. train_class_gmm 算子

train_class_gmm 算子用于训练 GMM 分类器。

train_class_gmm(∷GMMHandle,MaxIter,Threshold,ClassPriors,Regularize∷Centers,Iter)算子的详细参数如下：

GMMHandle:GMM 句柄;

MaxIter:期望最大化算法的最大迭代次数,默认值为 100;

Threshold:误差的阈值相对变化为期望最大化算法的终止,默认值为 0.001;

ClassPriors:确定先验概率的分类模式,默认值为 training;

Regularize:用于防止协方差矩阵奇异性的正则化值,默认值为 0.0001;

Centers:每个类找到中心的数量;

Iter:每个类执行的迭代数。

4. classify_class_gmm 算子

classify_class_gmm 算子用于对未知对象进行 GMM 分类。

classify_class_gmm(::GMMHandle,Features,Num:ClassID,ClassProb,Density,KSigmaProb)算子的详细参数如下:

GMMHandle:GMM 句柄;

Features:特征向量;

Num:要确定的最佳类的数量,默认值为 1;

ClassID:利用 GMM 对特征向量进行分类的结果;

ClassProb:类的后验概率;

Density:特征向量的概率密度;

KSigmaProb:归一化特征向量的 k-sigma 概率。

5. clear_class_gmm 算子

clear_class_gmm 算子用于释放 GMM 分类器。

clear_class_gmm(::GMMHandle:)算子的详细参数如下:

GMMHandle:GMM 句柄。

11.2.5 k-NN 分类器

在 Halcon 中,k-NN 分类器和其他分类器类似,其常用到的包括 create_class_knn 算子、add_sample_class_knn 算子、train_class_knn 算子、classify_class_knn 算子以及 clear_class_knn 算子。

1. create_class_knn 算子

create_class_knn 算子用于创建一个 k-NN 分类器。

create_class_knn(::NumDim:KNNHandle)算子的详细参数如下:

NumDim:特征的维数,默认为 10;

KNNHandle:k-NN 句柄。

2. add_sample_class_knn 算子

add_sample_class_knn 算子用于将样本加入分类器中。

add_sample_class_knn(::KNNHandle,Features,ClassID:)算子的详细参数如下:

KNNHandle:k-NN 句柄;

Features:要添加的特征列表;

ClassID:特征的分类 ID。

3. train_class_knn 算子

train_class_knn 算子用于 k-NN 分类器来训练样本。

train_class_knn(::KNNHandle,GenParamNames,GenParamValues:)算子的详细参数如下：

KNNHandle:k-NN 句柄；

GenParamNames:用于 k-NN 分类器创建的可调整的通用参数的名称；

GenParamValues:可以为 k-NN 分类器的创建调整的通用参数的值。

4. classify_class_knn 算子

classify_class_knn 算子用于对未知对象进行 k-NN 分类。

classify_class_knn(::KNNHandle,Features:Result,Rating)算子的详细参数如下：

KNNHandle:k-NN 句柄；

Features:分类的特征；

Result:分类结果、分类 ID 或者样本索引；

Rating:结果的评级,包括距离、频率或加权频率。

5. clear_class_knn 算子

clear_class_knn 算子用于释放 k-NN 分类器。

clear_class_knn(::KNNHandle:)算子的详细参数如下：

KNNHandle:k-NN 句柄。

◀ 11.3　实例:用 MLP 分类器对不同的零件进行分类 ▶

上述已经对每个分类器所需用到的算子进行了详细介绍,下面对分类器的应用进行举例。本实例是用 MLP 分类器对不同的零件进行分类,所需分类的图像如图 11-4 所示。

图 11-4　所需分类的零件图像

由图 11-4 可知,图像中包含齿轮形状的零件、六边形零件以及圆形零件,因此需要将以上三种零件的各种大小的图像作为样本给 MLP 分类器进行训练,再利用训练好的分类器对该图进行分类,从而实现对不同零件的分类。具体步骤如下：

(1) 创建一个 MLP 分类器。

在创建 MLP 分类器之前,需要配置一些参数,例如:清除窗口、设置标记的线宽等,然后再创建一个 MLP 分类器。

具体程序如下：

* 关闭窗口

dev_close_window()

* 打开一个新的窗口

dev_open_window(0,0,640,480,'black',WindowHandle)

* 以轮廓的形式绘制选中的区域

dev_set_draw('margin')

* 设置轮廓的线宽

dev_set_line_width(3)

* 创建一个 MLP 分类器

create_class_mlp(6,5,3,'softmax','normalization',3,42,MLPHandle)

执行完上述程序后，即可完成对 MLP 分类器的创建。

（2）读入样本图像并将其加入分类器中。

具体程序如下：

* 设置读入图像的名称和标号

FileNames:= ['nuts_01','nuts_02','nuts_03','washers_01','washers_02',
'washers_03','retainers_01','retainers_02','retainers_03']

* 设置读入图像的分类

Classes:= [0,0,0,1,1,1,2,2,2]

* 对图像进行循环读入

for J:= 0 to|FileNames|- 1 by 1

* 读入相应的样本图像

read_image(Image,'rings/'+ FileNames[J])

* 将图像进行分割

segment(Image,Objects)

* 将读入的样本图像放入 MLP 分类器中

add_samples(Objects,MLPHandle,Classes[J])

* 结束循环

endfor

执行完上述程序后，即可将样本图像放入 MLP 分类器中。

读入的六边形样本图像和分割后的图像如图 11-5 所示。

读入的圆形样本图像和分割后的图像如图 11-6 所示。

读入的齿轮形样本图像和分割后的图像如图 11-7 所示。

（3）训练样本图像。

具体程序如下：

* 清除当前窗口

dev_clear_window()

将颜色设置为黑色

dev_set_color('black')

* 以 MLP 分类器训练样本图像

train_class_mlp(MLPHandle,200,1,0.01,Error,ErrorLog)

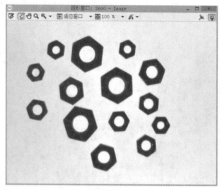

(a) 读入的六边形样本图像1

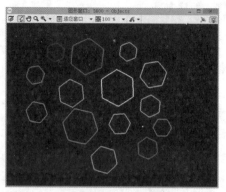

(b) 经分割后的样本图像1

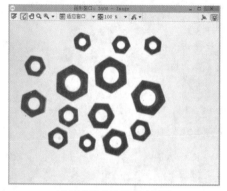

(c) 读入的六边形样本图像2

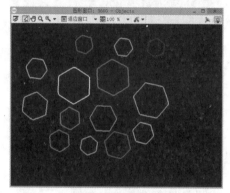

(d) 经分割后的样本图像2

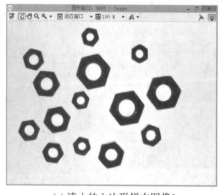

(e) 读入的六边形样本图像3

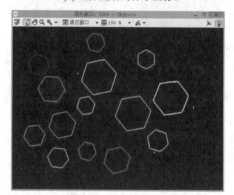

(f) 经分割后的样本图像3

图 11-5　六边形的样本图像及分割图像

* 训练完成后,将样本图像清除

`clear_samples_class_mlp(MLPHandle)`

执行完上述程序后,即可完成对样本图像的训练。

(4) 读入需要进行分类的图像。

具体程序如下:

* 读入需要进行分类的零件图像

`read_image(Image,'F:/ring_mix.jpg')`

执行完上述程序后,图像如图 11-8 所示。

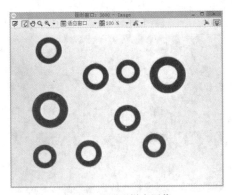
(a) 读入的圆形样本图像1

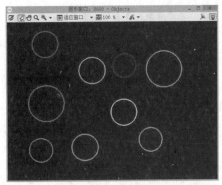
(b) 经分割后的样本图像1

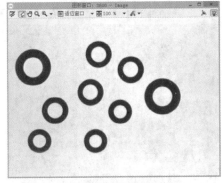
(c) 读入的圆形样本图像2

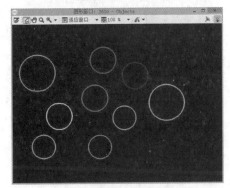
(d) 经分割后的样本图像2

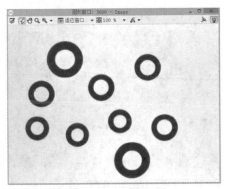
(e) 读入的圆形样本图像3

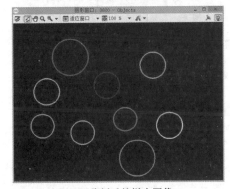
(f) 经分割后的样本图像3

图 11-6　圆形的样本图像及分割图像

（5）将读入的图像进行区域分割。

具体程序如下：

* 设置分割后的图像以轮廓显示

dev_set_draw('margin')

* 分割读入的图像

segment(Image,Regions)

执行完上述程序后，即可将图像中的每个零件划分出来。

（6）用 MLP 分类器对图像进行分类并显示。

具体程序如下：

* 用 MLP 分类器对零件进行分类

classify(Regions,MLPHandle,Classes)

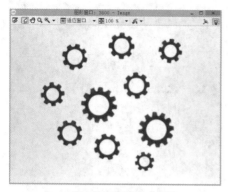

(a) 读入的齿轮形样本图像1

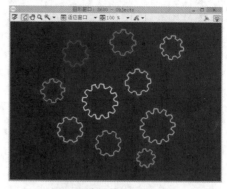

(b) 经分割后的样本图像1

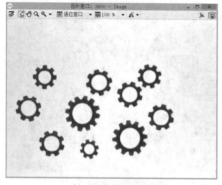

(c) 读入的齿轮形样本图像2

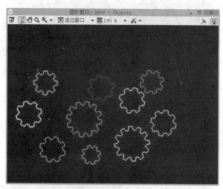

(d) 经分割后的样本图像2

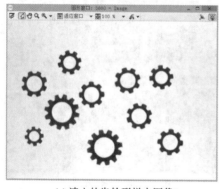

(e) 读入的齿轮形样本图像3

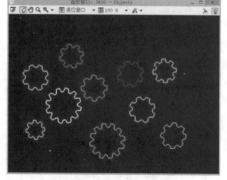

(f) 经分割后的样本图像3

图 11-7　齿轮形的样本图像及分割图像

* 显示分类后的零件图像

disp_obj_class(Regions,Classes)

执行完上述程序后,图像如图 11-9 所示。

由图 11-9 可知,经过训练好的 MLP 分类器对图像分类后,可以将齿轮形、圆形以及六边形全部划分出来。

(7) 清除 MLP 分类器。

具体程序如下:

* 清除 MLP 分类器,释放资源

clear_class_mlp(MLPHandle)

执行完上述程序后,则可以释放分类器资源,从而可以执行其他程序。

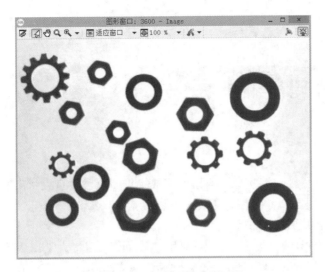

图 11-8　读入的需要检测的图像

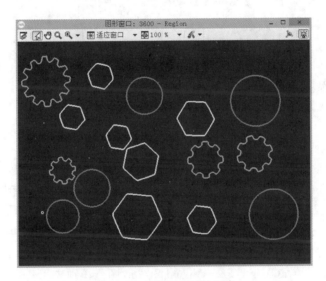

图 11-9　分类完成后的图像

参考文献 CANKAOWENXIAN

[1]   杨青. Halcon 机器视觉算法原理与编程实战[M]. 北京:北京大学出版社,2019.

[2]   张铮,王艳平,薛桂香. 数字图像处理与机器视觉-Visual C++ 与 Matlab 实现[M]. 北京：人民邮电大学出版社,2010.

[3]   Richard Szeliski. 计算机视觉-算法与应用[M]. 北京:清华大学出版社,2012.

[4]   CarstenSteger,Markus Ulrich. 机器视觉算法与应用[M]. 北京:清华大学出版社,2008.

[5]   Milan Sonka,VaclavHlavac,Roger Boyle. 图像处理、分析与机器视觉[M]. 北京:清华大学出版社,2011.

[6]   Berthold Klaus Paul Horn. 机器视觉[M]. 北京:中国青年出版社,2014.

[7]   赵鹏. 机器视觉理论与应用[M]. 北京:电子工业出版社,2011.

[8]   张广军. 机器视觉[M]. 北京:科学出版社,2005.

[9]   陈兵旗. 机器视觉技术[M]. 北京:化学工业出版社,2018.

[10]   Simon J. D. Prince. 计算机视觉模型、学习和推理[M]. 北京:机械工业出版社,2017.

[11]   邱锡鹏. 神经网络与深度学习[M]. 北京:机械工业出版社,2020.

[12]   言有三. 深度学习之图像识别核心技术与案例实战[M]. 北京:机械工业出版社,2019.

[13]   AditiMajumder,M. Gopi. 视觉计算基础:计算机视觉、图形学和图像处理的核心概念[M]. 北京:机械工业出版社,2019.

[14]   刘衍琦. Matlab 计算机视觉与深度学习实战[M]. 北京:电子工业出版社,2017.

[15]   左飞. 图像处理中的数学修炼[M]. 北京:清华大学出版社,2020.

[16]   望熙荣望熙贵. OpenCV＋VTK＋Visual Studio 图像识别应用开发[M]. 北京:人民邮电大学出版社,2019.

[17]   王文峰,阮俊虎. Matlab 计算机视觉与机器认知[M]. 北京:北京航空航天大学出版社,2017.

[18]   Mark S. Nixon, Alberto S. Aguado. 计算机视觉特征提取与图像处理[M]. 3 版. 北京:电子工业出版社,2014.

[19]   杨杰. 数字图像处理及 MATLAB 实现-学习与实验指导[M]. 2 版. 北京:电子工业出版社,2016.

[20]   阮秋琦. 数字图像处理学[M]. 3 版. 北京:电子工业出版社,2013.